水産学シリーズ

131

日本水産学会監修

# スズキと生物多様性

## ―水産資源生物学の新展開

田中　克・木下　泉　編

2002・4

恒星社厚生閣

ま え が き

　スズキはわが国の沿岸魚を代表する魚として馴染み深く，人々の生活と深く結びついてきた．コッパ・ハクラ・セイゴ・ハネ・フッコなど成長に見合った呼び名がつけられ，古くは平家物語にも「平清盛が伊勢から熊野への海路，大きなスズキが船に飛んで入り，吉事だと調理して自らも食い，また家来にも食べさせ，そのおかげで出世した」（川那部浩哉著，魚々食紀，29頁）との話にあるように，古来「出世魚」として親しまれてきたようである．

　多くの沿岸性海産魚類の中で，本種が他の魚と大きく異なる点は，汽水域や淡水域と深く関わった生活史をもつ点である．また，成魚は強い魚食性を示し，沿岸生態系の中では最も高い食地位を占めることも特徴の一つである．本種のこのような特性，とりわけ河口域を生息場とする生活史は，本種の資源生物学に基礎と応用の両面で多くの問題を提起しつつある．本種は沿岸漁業の重要種にとどまらず，養殖や栽培漁業の対象として重要性を増すとともに，身近な海の"大物"として最近では遊漁者にも人気が高く，その利用形態はますます多様化している．

　河口域と結びついた生活史は，地域個体群の存在を予測させる．河川の規模や流入する内湾の立地条件に応じて生活史に多様性を生じさせる可能性も高い．近年，有明海個体群が雑種起源であることが明らかにされ，そのこととも関連してそれまで東アジアの沿岸域に生息するスズキはすべて同じ種にまとめられていたのが，中国産のスズキと日本産のスズキは別種であることが確証されるなど，系統類縁関係は資源生物学の中心課題の一つであることを改めて示した．最近では養殖用種苗として持ち込まれた中国産スズキ（タイリクスズキ）が瀬戸内海に広がり，"外来魚"として定着する危険性をもつなど新たな問題を提起しつつある．また人間の生活や産業活動の影響を最も受けやすい河口域を生息場とする本種の生態は，沿岸海洋環境の保全や再生の視点からも注目すべき存在と考えられる．

　以上のように，本種の生理生態的特性は，資源管理方策，養殖のあり方，栽培漁業の展開，遊漁と漁業のあり方など多様な問題と密接に関わる．沿岸海洋資源生物と人間との関わり方が多様化する中で，本種は水産資源生物学のあり方を考え，今後の研究を展開する上で好適なモデル魚種と位置づけられ，平成12年9

月 27 日に日本水産学会秋季大会行事として下記のようなシンポジウムを福井県立大学において開催した.

スズキをモデルとした水産資源生物学の新展開

　企画責任者　田中　克（京大院農）・木下　泉（高知大海洋研セ）・青海忠久（福井県大生物資源）・西田　睦（東大海洋研）・林　勇夫（京大院農）

| | | |
|---|---|---|
| 開会の挨拶 | | 田中　克（京大院農） |
| Ⅰ．資源の動態と培養 | 座長 | 田中　克（京大院農） |
| 　1．資源の動態 | | 庄司紀彦（千葉水試） |
| 　2．種苗生産の現状と課題 | | 牧野　直（千葉東京栽漁セ） |
| 　3．放流技術の現状と課題 | | 山崎幸夫（茨城水試） |
| Ⅱ．幼期の生態 | 座長 | 林　勇夫（京大院農） |
| 　1．若狭湾由良川河口域 | | 大美博昭（大阪水試） |
| 　2．土佐湾四万十川河口域 | | 藤田真二（西日本科技研） |
| 　3．有明海筑後川河口域 | | 日比野　学（京大院農） |
| 　4．初期生活史の多様性 | | 木下　泉（高知大海洋研セ） |
| Ⅲ．淡水移入の生理生態 | 座長 | 青海忠久（福井県大生物資源） |
| 　1．耳石による回遊履歴解析 | | 太田太郎（京大院農） |
| 　2．浸透圧調節生理 | | 平井慈恵（京大院農） |
| Ⅳ．生活史の多様性と類縁関係 | 座長 | 西田　睦（東大海洋研） |
| 　1．東アジアのスズキ属 | | 横川浩治（香川水試） |
| 　2．有明海個体群の起源と存続 | | 中山耕至（京大院農） |
| 　3．スズキ属近縁種の生活史 | | D. H. Secor（メリーランド大） |
| Ⅴ．総合討論 | 座長 | 田中　克（京大院農） |
| | | 西田　睦（東大海洋研） |
| 閉会の挨拶 | | 青海忠久（福井県大生物資源） |

　本書はこのシンポジウムの講演内容をまとめたものである．本書が，沿岸生態系の鍵種と位置づけられるスズキの保全や多面的な利用に役立ち，また，より統合化された水産資源生物学の発展に貢献すれば幸いである．

　本シンポジウムの実現に御助力賜ったシンポジウム企画委員会の皆さん，ならびに実施にあたり多大の御配慮を賜った日本水産学会平成 12 年度秋季大会委員会の関係各位に厚く御礼申し上げる．

　　　　　平成 13 年 12 月

　　　　　　　　　　　　　田中　克・木下　泉

# スズキと生物多様性 ― 水産資源生物学の新展開　目次

# Temperate Bass and Biodiversity
## —New perspective for fisheries biology

### Edited by Masaru Tanaka and Izumi Kinoshita

# 1. 資源の分布と利用実態

庄司紀彦[*1]・佐藤圭介[*2]・尾崎真澄[*3]

　スズキ（*Lateolabrax japonicus*）は北海道以南に分布し，各地で漁獲対象種となっている．白身で淡泊であるため市場価値は高く，活魚として出荷されることも多い．近年ではスポーツフィッシングの対象としても人気があり，遊漁船や陸から盛んに狙われている．また，本種は海域のみならず，汽水域から淡水域まで分布することも知られている．

　このようなスズキの資源の現状や東京湾での遊漁の実態について論じるとともに，千葉県での種苗放流や淡水域での出現状況について紹介する．

## §1. 全国のスズキ漁獲実態

　全国のスズキ総漁獲量の推移をみると，1953 年が 4,226 トンと最も低く，その後 1973 年（6,278 トン）までは全体としては増加傾向を示した（図 1・1）．1974 年から急激に増加し始め，1978 年には最高値（11,570 トン）を記録した．その後，1987 年までは減少し，1992 年から 1997 年まで一貫して増加傾向が

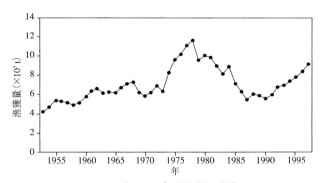

図1・1　全国のスズキ総漁獲量の推移 [*4]

[*1]　千葉県水産研究センター富津研究所
[*2]　千葉県館山水産事務所
[*3]　千葉県内水面水産研究センター
[*4]　海面漁業・養殖業生産統計年報（1953～1997）[1] 1963 年までは属地，1964 年以降は属人統計

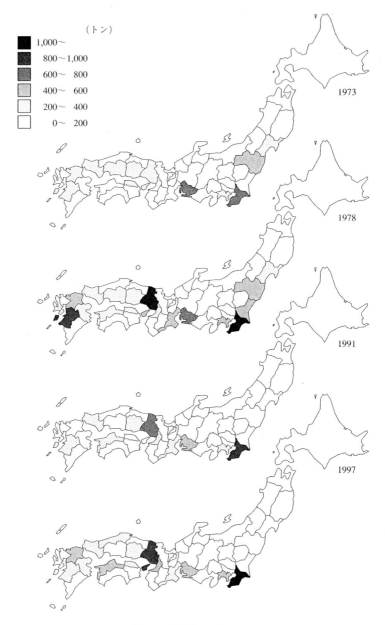

図1・2　各県別のスズキ漁獲量

続いた.

　次に，県別の漁獲量統計で地理的な分布を把握した（図1・2）．漁獲量が急激に増加する直前の1973年には東京湾，三河湾・伊勢湾，瀬戸内海（東部，西部），有明海・八代海および福島県沖周辺で漁獲され，この海域がスズキの分布の中心と推定された．1978年は分布の中心の周辺部でもよく漁獲され，瀬戸内海の漁獲の中心が西部の広島県から東部の兵庫県周辺に変化した．全国の漁獲量が再び増加する直前の1991年でも福島県沖周辺での漁獲は回復せず，1997年は，1978年と似た分布であったが，福島県沖周辺の漁獲は大きくは回復しなかった.

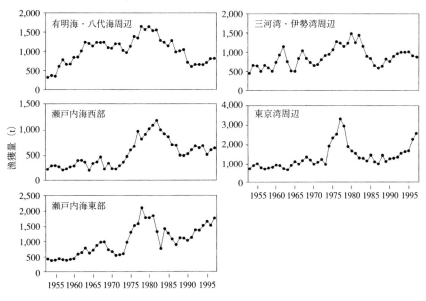

図1・3　スズキ海域別漁獲量の年変動

海域別の漁獲量（図1・3）から次の3つの特徴がみられた.

①顕著な漁獲量の増加ピークには，それぞれの海域間で数年のズレがみられた.

②有明海・八代海では漁獲量が増大すると，数年間は持続する傾向が認められた.

③1990年代前半からの増加が1997年まで順調な海域（東京湾，瀬戸内海東部）と，順調でなかった海域（三河湾・伊勢湾，瀬戸内海西部，有明海・

八代海）が認められた.

これらの海域ではスズキの主要な漁獲方法が異なっており，この違いが漁獲サイズ（漁獲年齢）の違い，ひいては漁獲量変動の違いの要因の一つと考えられる.

### §2. 千葉県の漁獲実態

千葉県はスズキを全国でもっとも漁獲してきた県であり（図1・2），その漁獲量の89.5％（1958年から1997年までの平均）は，東京湾で漁獲され[2]（図1・4），東京内湾での増加が漁獲量を左右した．千葉県のスズキを漁獲する主要な漁業種類は，32年間平均で48.6％を占めたまき網，近年増加した刺網（19.5％）および小型底曳網（17.9％）であった（図1・5）．これらのうち，東京湾では小型底曳網とまき網が盛んである.

#### 2・1 小型底曳網

複数の漁獲対象種の中でスズキが占める重要性を把握するため，漁業者に対しアンケートを行い，各月の延べ操業日数を集計した．全ての魚種の合計操業日数に対する，それぞれの魚種の割合を占有率とし，各月の占有率がひと月で

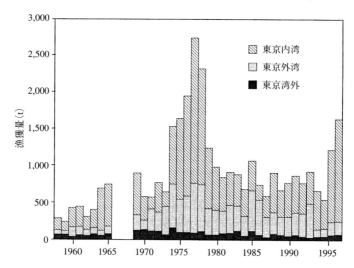

図1・4　スズキの千葉県海域別漁獲量の年変動
（千葉県農林水産統計年報, 1958〜1997）[2]

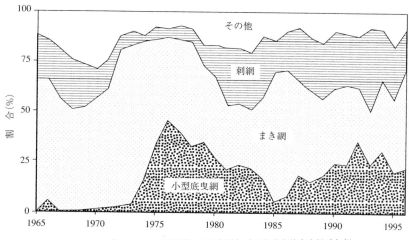

図1·5　スズキの千葉県漁業種類別漁獲割合（千葉県農林水産統計年報,
1965〜1996）[2]

も 5%以上になった魚種を漁獲対象種とした. なお, ひと月に魚種を複数以上
回答した場合には, 魚種数で操業日数を除した値を各魚種の操業日数とした.
この結果, 主な漁獲対象種は 12 種類であり, このうち概ね周年対象であった
のは, マコガレイ, スズキ, マアナゴ, イシガレイおよびシャコの 5 種, 残り
のコノシロ, コウイカ, クルマエビ, タチウオ, イボダイ, マダイおよびトリ

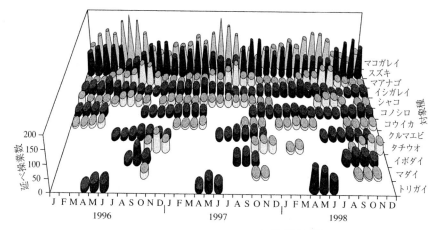

図1·6　東京湾の小型底曳網の月別魚種別操業日数
小型底曳網漁業者 20 隻へのアンケート調査結果（1996〜1998年）

ガイは季節的な対象種であった（図1・6）．操業日数に占める割合はマコガレ
イとスズキがそれぞれ30.5%，29.8%であり，本種はマコガレイと並ぶ極めて
重要な漁獲対象種であることがわかる．

標本船日誌（湾奥部の船橋3隻，湾口部の富津2隻の計5隻）から季節毎の
漁場の分布を把握するため，1990年4月から1998年3月まで，月毎に1網
あたりの漁獲量（kg／網）を緯度経度1分メッシュ図に整理した．

漁場位置は1995年初夏までの前後で異なった．前者では10月に漁場は湾央
部に形成され，翌年の春には湾奥部にも拡大した．一旦漁が減少し，夏季に湾
口部の千葉県沿岸で若干の漁獲がみられた．後者では夏季に湾奥部，湾央部沿
岸ともに漁獲が継続し，湾奥部では主に銘柄セイゴ（体重換算 300 g）が漁獲
された．また小型魚ほど，より沿岸に分布する傾向が認められた（図1・7）．

### 2・2 まき網

船橋と富津で複数の経営体がまき網漁業を行っている．このうち富津の1経
営体の標本船日誌を1993年1月から2000年2月まで，小型底曳網と同様に
集計した．

集計期間中の魚種別の漁獲量を集計すると，全ての魚種の合計漁獲量の5%

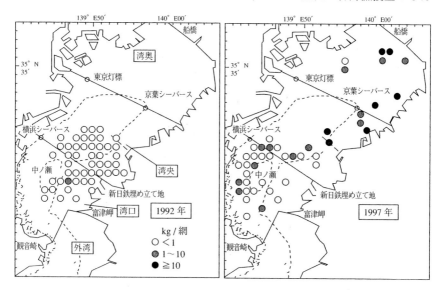

図1・7　8月の東京湾小型底曳網の操業位置の1992年と1997年の比較

を超えた魚種はわずかにコノシロ（65.2%），スズキ（11.4%），およびマイワシ（7.3%）の3種であった．スズキは主に冬に漁獲されており，1990年から1992年の冬季には湾奥部で銘柄セイゴが漁獲された（未集計資料）．しかし，1994年以降の冬季には外湾部や湾口部で操業され，スズキの資源量が増加するとともに，水揚港（富津）から離れた漁場での操業が行われなくなった．また，1998年以降では夏季に湾口部から湾央部で継続して漁場が形成されたことが特徴であった（図1・8）．

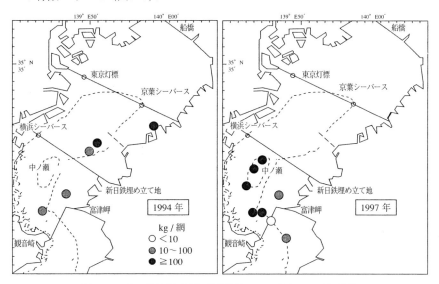

図1・8　8月の東京湾まき網の操業位置の1994年と1997年の比較

標本船日誌の集計から，スズキの漁場位置は小型底曳網，まき網ともに，1994年頃から変化が現れた．漁獲量の変化が強く現れたのは小型底曳網では1995年から，まき網では1998年からであった．これは第一にまき網が1経営体のみの調査であり，コノシロを狙う操業形態に小型魚が漁獲されたこと，第二にスズキが漁獲されたことによるが，このまき網標本船は主に冬にスズキを狙う操業形態であったこと，第三に主要な漁獲対象種であるコノシロの漁獲が1996年の春から秋には継続して行われていたため，この時期にすでに豊富であったスズキを対象にした操業が行われなかったことによると推測された．

　このような複数種を対象にした漁業が周年行われている場合，調査対象種の

みに注目すると，その資源動向を読み誤る危険性があると考えられる．今回整理を試みた 1990 年代の東京湾漁業では，スズキは，他魚種の資源動向に左右されながらも，東京湾における主要漁獲種として利用されていたことが明らかになった．

### §3. 東京湾のスズキ遊漁実態

前述したように，近年の釣りブームによってスズキは脚光を浴びている．特にルアーフィッシングでの対象魚として人気が高く，陸からだけでなく，プレジャーボートや遊漁船による釣獲がかなりあると考えられる．しかし，スズキの遊漁実態については，若林・鈴木[3] が釣り人による標識放流調査結果を報告した以外にはなく，遊漁による釣獲量を推定した例はない．そこで，千葉県に届出されている遊漁船によるスズキの遊漁実態を把握するために，1999 年に千葉県東京湾沿岸（浦安市〜館山市）の遊漁船全船 732 隻を対象に，アンケート調査を実施した[4]．

アンケート調査の結果から，スズキを対象とする遊漁船は東京湾内湾地区（千葉県浦安地区〜千葉県富津市富津地区）で 67 隻，東京湾内房地区（富津市大佐和地区〜館山市）で 25 隻と推定され，年間の延べ乗船者数は内湾地区で約 46,000 人，内房地区で約 3,500 人と推定された．これらの遊漁船によるスズキの釣獲量は内湾・内房と併せて 83,518 尾，約 103 トンにのぼると推定された（表 1・1）．これは千葉県におけるスズキ漁獲量の 1 割にも満たない．また，釣獲後，小型魚は再放流されることが多いこともアンケート調査によって把握されており，漁業に与える影響は非常に小さいものと考えられた．

また，銘柄別の遊漁釣獲量の月変動（図 1・9）から，東京湾におけるスズキ資源の季節変動が窺われた．銘柄名「スズキ」（60 cm 以上）や「フッコ」（40

表 1・1　千葉県の遊漁船によるスズキ釣獲量の推定（1999年）

| 銘柄名 | セイゴ | | フッコ | | スズキ | | 合計 | |
|---|---|---|---|---|---|---|---|---|
| | 尾数 | 重量 (kg) | 尾数 | 重量 (kg) | 尾数 | 重量 (kg) | 尾数 | 重量 (kg) |
| 東京湾内湾 | 17,522 | 8,060 | 53,049 | 65,780 | 10,312 | 26,398 | 80,882 | 100,238 |
| 東京湾内房 | 1,509 | 694 | 636 | 789 | 491 | 1,256 | 2,636 | 2,740 |
| 合　計 | 19,031 | 8,754 | 53,685 | 66,570 | 10,802 | 27,654 | 83,518 | 102,978 |

〜60 cm）は内湾地区では 12〜4 月の冬季を中心に利用されていたが，内房地区では 12 月にのみ多く釣獲されていた．また，内湾地区の「セイゴ」（40 cm 未満）は 1〜7 月にはあまり釣獲されていないが，8 月以降に釣獲量は急増した．東京湾のスズキは湾口部で 11〜3 月に産卵することが報告されており[5]，内房地区湾口部に産卵のため集群した親魚の利用とスズキ小型魚が 8 月以降に新たな遊漁対象資源として加入している様子が推測された．

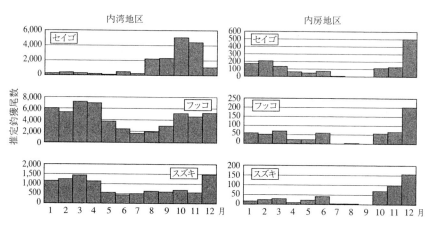

図 1・9　東京湾におけるスズキの銘柄別遊漁釣獲量の月変動（1999 年）
　　　　内湾地区：千葉県浦安市〜千葉県富津市富津地区
　　　　内房地区：千葉県富津市大佐和地区〜千葉県館山市

　これらの遊漁船の操業位置は各遊漁船ごとに異なっていたが，その多くは沿岸部の人工構造物（堤防，シーバース，橋脚付近）や河口部などを目標物にしており，各船毎に周年ほぼ定位置で操業する傾向がみられた．また，これらの月別営業日数や営業隻数は大きく変化しない[4]．これらのことから，銘柄別の遊漁釣獲量の月変動は，これら漁場におけるスズキ資源の動態を表しているものと考えられた．

　今回の調査では同じ東京湾に面する東京都や神奈川県の数値は含まれていない．両都県ともスズキを対象とする遊漁船は少なからず存在するが[6]，漁業と比較すればその釣獲量はわずかなものにすぎないことが予想される．しかし，スズキの遊漁には遊漁船以外にプレジャーボートによるものや陸上からの釣獲も相当数存在し，これらも含めた遊漁による利用実態の把握は今後の課題であろう．

## §4. 種苗放流魚の移動分散

　千葉県では過去 15 年間に 19 回にわたり，東京湾奥の船橋から湾口部の館山までの浅海域において，スズキ人工種苗に外部標識（アンカータグ，スパゲティータグ）を付けて放流し，再捕報告による移動分散を追跡してきた.

　これまでの集計結果では，標識放流尾数は 100,144 尾，再捕尾数は 125 尾で再捕率は 0.12％である. 放流から再捕までの期間は，全再捕魚の 75％が 150 日以内であり，最長で 591 日間であった. また，再捕場所のほとんどが放流場所から 10 km 以内とあまり大きく移動しておらず，海岸や河口付近，河川内などの沿岸浅海域であった. 一方，東京湾内湾で放流されたものは内湾にとどまり，内房で放流されたものはごくわずかな魚が内湾へ北上しただけであった. また一部は河川内へ進入することもわかり，天然魚と同様に汽水や淡水域を利用することが明らかとなった.

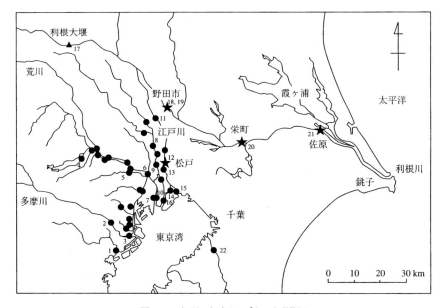

図 1・10　河川におけるスズキの出現状況
●：各都県における生物相調査など[7-12]，★：漁業者への操業日誌調査結果（千葉内水試，未発表）
▲：水資源開発公団利根導水総合管理所への聞き取り結果. 数字は表 1・2 の地点番号を示す.

### §5. 淡水域への移動

本種は沿岸性海産魚であるが，その生活史の中で汽水域さらには淡水域へ侵入することもよく知られている．東京湾には，江戸川，荒川，多摩川などの大河川や隅田川，養老川，鶴見川などの中小河川が数多く流れ込んでいるが，これらの河川への進入について，出現状況や時期，サイズを既往の文献を中心に調査した（図1・10）．その結果，東京湾に注ぐ多くの河川で本種の出現が認められており，その出現時期は5〜11月であり，水温の高い7〜9月の出現頻度が高かった．また，水温が下がる冬から春にかけての出現報告はなかった（表1・2）．

表1・2　河川におけるスズキの出現状況
図1・10 に表した出現地点のうち，時期やサイズが明らかなものについて抜粋した．

| 河川名 | 地点番号 | 採捕地区名 | 採捕地点名 | 出現時期（月） | 出現サイズ | 河口からの距離(km) |
|---|---|---|---|---|---|---|
| 鶴見川 | 1 | 横浜市 | 横浜市 [7] | 9 | AV553mm | |
| 多摩川 | 2 | 大田区 | 田園調布堰下 [8] | 夏期 | <200 mmTL | 約15 |
| | 3 | 大田区 | 大師橋 [8] | 夏期 | <200 mmTL | |
| 柳瀬川 | 4 | 清瀬市・所沢市 | 清柳橋 [8] | 夏期 | <200 mmTL | |
| 石神井川 | 5 | 北区 | 豊石橋 [8] | 夏期 | <200 mmTL | |
| 荒川 | 6 | 足立・葛飾区 | 堀切橋 [8] | 夏期 | <200 mmTL | |
| | 7 | 江東・江戸川区 | 葛西橋 [8] | 夏期 | max403 mmTL | |
| 中川 | 8 | 草加市 | 八条橋 [7] | 9・11 | 180・230 mm | 26.5 |
| | 9 | 足立・葛飾区 | 飯塚橋 [8] | 夏期 | <200 mmTL | |
| 江戸川 | 10 | 江戸川区 | 葛西小橋 [8] | 夏期 | <200 mmTL | |
| | 11 | 野田市 | 野田橋 [7] | 11 | 580 mm | 39.3 |
| | 12 | 松戸市 | 松戸* | 9 | 1.2 kg | |
| | 13 | 葛飾区 | 新葛飾橋 [8] | 夏期 | <200 mmTL | |
| | 14 | 江戸川区 | 江戸川水門上 [8] | 夏期 | <200 mmTL | |
| | 15 | 市川市 | 行徳 [7] | 9 | AV177 mm | |
| 旧江戸川 | 16 | 江戸川区 | 浦安橋 [8] | 夏期 | max574 mmTL | |
| 利根川 | 17 | 行田市 | 利根大堰** | 夏期 | 小型魚 | 154 |
| | 18 | 野田市 | 芽吹大橋 [9] | 7 | 154 mm | 103.5 |
| | 19 | 野田市 | 芽吹* | 10 | 2.5 kg | |
| | 20 | 栄町 | 栄町* | 7〜10 | — | |
| | 21 | 佐原市 | 佐原市* | 5〜11 | 0.7〜3.3 kg | |
| 養老川 | 22 | 市原市 | 廿五里堰下 [10] | 5・8 | <131 mm | |

\*　千葉県内水面水産試験場　未発表
\*\*　水資源開発公団利根導水総合管理所への聞き取り

　出現した魚の大きさは，夏季には生後半年と推定される 10～20 cm 前後の小型魚であったが，1～3 kg の中大型魚の出現も希ではなく，また汽水域だけではなく純淡水域にも出現した．海から最も遠距離での出現例としては，利根川河口より 154 km 上流の利根大堰での確認であった．このように，本種は稚魚期だけではなく，生活史のあらゆる段階で淡水域を利用することができる環境適応能力のある魚であることがわかる．

　ここでは，東京湾での調査結果を中心にまとめたが，スズキは漁業だけでなく遊漁にも利用され，外海より内湾を好み，海水だけではなく汽水域や淡水域にも出現することが確認された．我々人間が水と関って生活する多くの場面で対面する可能性をもった魚種であることが強く印象づけられた．

　今後，本種の研究は漁業という面だけではなく，遊漁や淡水域での生理生態など，多方面からのアプローチによっても多くの成果が期待される魚種であると考える．

## 文　献

1） 農林水産省統計情報部：海面漁業・養殖業生産統計年報，（1953-1997）．

2） 関東農政局千葉統計情報事務所：千葉農林水産統計年報，（1958-1997）．

3） 若林　務・鈴木秀彌：JGFA Year Book，1996, 56-60，（1996）．

4） 尾崎真澄・庄司紀彦：千葉水試研報，57，173-179，（2001）．

5） 鈴木秀彌・伊藤祐方：水銀等汚染水域調査研究成果報告書，水産庁研究部，1984，pp.15-28．

6） 辰巳出版：隔週刊つり情報，（489-512），（1999-2000）．

7） リバーフロント整備センター（編）：平成2・3年度河川水辺の国勢調査年鑑魚介類調査編，山海堂，1993，698pp．

8） 東京都環境保全局水質保全部：平成9年度水生生物調査結果報告書，1999，554pp．

9） 千葉県：第2回自然環境保全基礎調査河川調査報告書，1979，38pp．

10） 千葉県内水面水産試験場：平成7年度千葉内水試事報，1997，pp.25-26．

11） 金澤　光：埼玉水試研報，50，92-138，（1991）．

12） 金澤　光・田中繁雄・山口光太郎：埼玉水試研報，55，62-97，（1997）．

# 2．種苗生産の現状と課題

牧　野　　直 *

　スズキ *Lateolabrax japonicus* は 1980 年前後より広島県・熊本県・長崎県などの水産試験場で種苗生産試験が実施され，1982 年から香川県で 10 万尾単位の量産が可能になった．しかし，本種の種苗生産期は冬季のため，成長を促進する必要上加温が施された．その結果，生産単価が上がること，良質な受精卵が得られないこと，変形魚の発生が多いことなどの問題から，西日本での本種の種苗生産は休止された．その後，茨城県，千葉県，静岡県，日本栽培漁業協会南伊豆事業場で生産試験が開始された．これを契機に 1989 年から毎年本種の種苗生産技術検討会が開催され，情報交換を通じて種苗生産技術は急速に進展し，現在では安定した生産を行うことが可能になった．ここでは，上記の検討会で得られた成果を中心に紹介し，併せて本種の種苗生産の現状と問題点について概説する．

## §1．種苗生産の年間スケジュール

　本種の種苗生産では全長 30〜35 mm までの飼育を一次飼育，それ以降を二次飼育に区分される．一次飼育は，4 月以降の他魚種の生産計画との関連から前年 12 月中旬から遅くとも 1 月初めまでに採卵を行い，3 月末までに終了する．二次飼育では一部の稚魚が引き続き育成され，全長 100 mm の大型種苗を育成する場合は 6 月末まで行われる[1]．

## §2．親魚養成と採卵

　種苗生産には，天然魚による人工受精卵と養成した親魚の自然産出卵が使用される[1]．しかし，養成親魚の産卵期は天然魚の産卵期（盛期，12 月〜翌年 1 月）[2]より遅く，生産開始時（12 月〜1 月初旬）に良質卵を安定的に十分量確保できないことや，後述するように仔魚にウイルスが発病した例があることか

* 千葉県東京湾栽培漁業センター

ら，種苗生産には天然魚の人工受精卵が主に使用される．

## 2・1　養成親魚の自然産出卵

　親魚を収容した陸上コンクリート水槽（産卵槽）内で自然産出された卵は，オーバーフローした表層水を受けたネットに集められる．産卵槽の形状は角型あるいは円型で，容量は 50～100 m³（深さ 1～2 m）程度である．親魚には天然魚や人工生産魚を 1～7 年間程度養成したものが使用され，餌料はビタミン剤を添加した魚介類が与えられる．

　千葉県[3]と日本栽培漁業協会南伊豆事業場[4]を例に，実際の採卵結果を表2・1 に示した．両機関ともに全長約 40～80 cm，体重約 1～5 kg の親魚を自然水温並びに自然日長下で養成した結果，産卵は 12 月から 3 月にかけて 30 回近く行われた．産卵期間中の水温は約 12～18℃の範囲を示し，平均水温は両機関ともに 15℃前後であった．親魚の養成経験が浅い千葉県では，当初，浮上卵率と受精率は 24.8％および 40.6％と低い値であったが，南伊豆事業場での養成技術は急速に改善され，8 年後には浮上卵率は 81.9％，受精率は 91.1％にまで向上した．

　本種の卵は通常 1 個の油球をもつ[2]．しかし，水槽内自然産出卵ではかなり高い割合で複数油球卵が出現する[3,5]ため，これらの卵が種苗生産に使用でき

表2・1　スズキ養成親魚の自然産出卵

| 生産場所 | 水槽 | 由来 | 尾数 | 全長 (cm) | | 体重 (kg) |
|---|---|---|---|---|---|---|
| 千葉県 栽培漁業センター | 55 m³ 八角型 コンクリート | 天然魚 (1～2 年間養成) および人工生産魚 (7歳) | 124 | 平均 | 55.9 | 25.3 |
| | | | | 範囲 | 44.0～74.0 | 1.0～4.9 |
| 日本栽培漁業協会 南伊豆事業場 | 100 m³ 角型 コンクリート | 天然魚 (東京湾群) (1～3年間養成) | 29 | 平均 | 57.4 | 2 |
| | | | | 範囲 | 47.5～66.0 | 1.05～3.12 |

| 生産場所 | 産卵期間 (産卵回数) | | 産卵期間中の水温 (℃) | 産卵数 (万粒) | 浮上卵率 (%) | 受精率 (%) | 餌料 |
|---|---|---|---|---|---|---|---|
| 千葉県栽培漁業センター | 89.12.28～ 90.3.6 (28) | 平均 範囲 | 14.1 12.0～ 16.6 | 1148.6 | 24.8 0～ 49.0 | 40.6 0～100 | 冷凍イカナゴ （ビタミン剤添加） |
| 日本栽培漁業協会 南伊豆事業場 | 97.12.16～ 98.3.16 (25) | 平均 範囲 | 15.7 13.5～ 17.7 | 475.4 | 81.9 19.2～ 100 | 91.1 6.7～100 | モイストペレット （アジ，イカ， アミエビ） （ビタミン剤添加） |

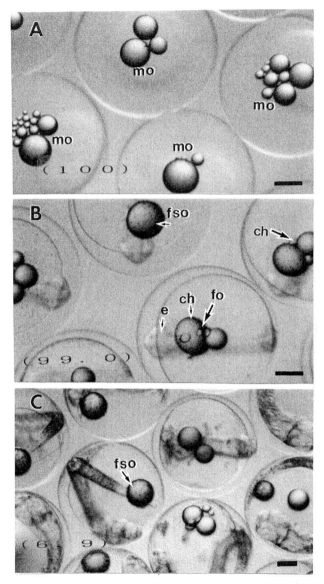

図2·1　自然産出されたスズキ卵の発生に伴う複数油球の消長．A：観察開始時の複数油球卵（胞
胚初期），B：観察後 27 時間 30 分に油球の融合が開始（眼胞形成期），C：孵化 2 時間前
（観察後 74 時間）スケールは 250 μm を，（　）内は複数油球卵率（%）を示す．ch：色
素胞，e：胚体，fo：融合中の複数油球，fso：融合によって単一になった油球，mo：複
数油球卵

るかどうかを検討 [6] した．その結果，産出された卵の胞胚初期の複数油球卵率は 30.9〜100％であったが，眼胞形成期に始まる油球の融合によって，孵化直前には卵の成熟の過程で形成される単一油球とほぼ同じ大きさの油球になることが確認された（図2·1，2·2）．また，孵化仔魚の形態観察から，孵化時にお

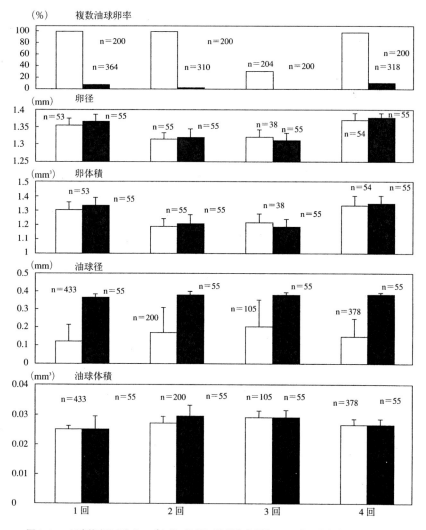

図2·2　4回自然産出されたスズキ卵の胞胚初期 （□）と孵化1〜3時間前 （■）における性状

ける変形魚の出現率が低いこと，孵化率が約80％と高い値を示すこと（表2·2），さらに，複数油球卵率が100％の卵を用いて単一油球卵による好成績の生産に匹敵する生産をあげたこと[7]などから，複数油球卵も種苗生産に使用できると判断された．

表2·2　4回の採集卵から得られた複数油球をもつスズキ孵化仔魚の出現率

| 採集日（月／日）複数油球卵率（％）* | 正常魚数－① | 変形魚数－② | 死卵数－③（単一油球）（複数油球） | 孵化率（％）｜①／（①+②+③）×100｜ | 変形魚の出現率（％） |
|---|---|---|---|---|---|
| 2／10　100 | 245 | 11 | 36（21）（15） | 83.9 | 4.3 |
| 2／11　100 | 164 | 9 | 61（55）（6） | 70.1 | 5.2 |
| 2／12　30.9 | 262 | 15 | 53（49）（4） | 79.4 | 5.4 |
| 2／17　100 | 137 | 8 | 14（7）（7） | 86.2 | 5.5 |
| 合計 | 808 | 43 | 164（132）（32） | | |
| 平均 | | | | 79.6 | 5.1 |

\* 胞胚期の複数油球卵率（％）

## 2·2　天然親魚の人工受精卵

　1989年から1992年の4年間にかけて，捕獲直後の天然スズキ成魚の卵巣卵およびホルモン剤を投与した後の卵巣卵の一部をカニューラーにより採取し，その性状から判定される成熟度などから，ホルモンの種類，投与量，採卵時期および天然魚の成熟度に応じた投与方法を検討した[8, 9]．天然スズキ成魚の成熟と排卵促進には，ヒト胎盤性性腺刺激ホルモン（HCG）とシロサケの脳下垂体の抽出物（CP）を同時に複合投与することが有効であることが示され，投与量は魚体重1 kg当り HCG 500 IU 前後，CP 20 mg 前後が妥当と推定された．これらを投与した場合，成熟段階毎のホルモン投与開始から排卵までの所要日数は概そ以下のとおりである．（1）第2次卵黄球期の場合には3〜4日．（2）

第3次卵黄球期の場合には2〜3日．（3）卵核胞の移動期の場合には2日．（4）前成熟期および成熟期の場合には1日（表2·3）．また，マコガレイ *Limanda yokohamae* [10] やストライプドバス *Morone saxatilis* [11] の人工受精卵の場合と同様に，排卵後1日以内に受精させた場合に良質卵が得られることも判明した．ここで用いたカニューレーション法は，採取卵の成熟度を卵径，形状，色調などから容易に判定できることから，今後採卵現場での利用が期待される．

表2·3　ホルモン投与後から採卵（排卵）までの経過日数に伴う採取卵の成熟度の変化

| 年 | 魚体No | ホルモン投与後の日数（日） | | | | | | | |
|---|---|---|---|---|---|---|---|---|---|
| | | 0 | 1 | 2 | 3 | 4 | 5 | 6 | 7 |
| 1991 | 1 | S | | PM | OV | | | | |
| | 2 | S | | T | | OV | | | |
| | 3 | T | | M | OV | | | | |
| | 4 | T | | | OV | | | | |
| | 5 | T | | PM | OV | | | | |
| 1992 | 1 | PM | OV | T | | | | | OV |
| | 2 | PM | | OV | | | | | |
| | 3 | N | M | OV | | | | | OV |
| | 4 | T | | OV | | | | | |
| | 5 | T | | PM | OV | | | OV | |
| | 6 | S | | S | | N" | PM | OV | |
| | 7 | S | S | | PM" | OV | | | |
| | 8 | T | | T" | PM | OV | | | |
| | 9 | S | | N" | OV | | | | |

S ：第2次卵黄球期　　PM ：前成熟期　　T"N"PM"
T ：第3次卵黄球期　　M ：成熟期　　　　：ホルモンの追加投与した時の成熟段階
N ：卵核胞の移動期　　OV ：排卵

## 2·3　卵管理

　採集された卵は1 m³ 程度の水槽に収容して管理されるが，孵化直前に25〜50 m³ 角型あるいは円型の水槽に移され，孵化後の飼育が行われる．卵は孵化するまで孵化最適水温・塩分（15℃，33.8 ppt）で管理され，受精後約90時間で孵化する（牧野ら，未発表）．孵化後の仔魚は17℃前後の水温で管理される．

## §3. 仔稚魚の飼育

　スズキ仔稚魚の成長と飼育水温および飼育餌料を図2·3に示す [1]．孵化仔魚

を 1 万尾 / m³ の密度で 17℃前後の水温で飼育すると，4 日齢で開口する．仔魚に開口と同時にシオミズツボワムシを与え，25 日齢からアルテミア幼生を，35 日齢（全長 10 mm）頃から配合飼料を併用する．シオミズツボワムシとアルテミア幼生は高度不飽和脂肪酸で培養したもの，配合飼料は市販のものが使用される．飼育試験当初は配合飼料への餌付けが困難であったが，仔魚の活力

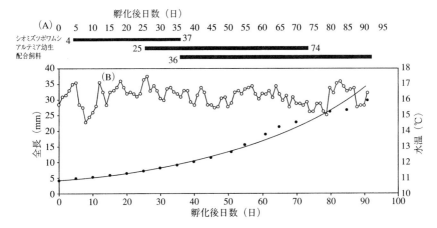

図 2·3　スズキ仔稚魚の飼育餌料と成長（●），（（○）は飼育水温）

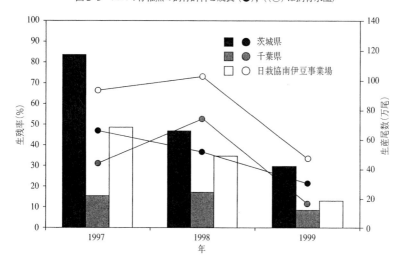

図 2·4　1997〜1999 年における茨城県，千葉県，日本栽培漁業協会南伊豆事業場のスズキ種苗（全長約 30 mm まで）の生産尾数（棒グラフ）および生残率（折れ線グラフ）

の向上と摂餌の機会を増加させたことにより全長約15 mm（約50日齢）から，配合飼料のみによる飼育が可能になった．全長3 mm程度の孵化仔魚は，約60日齢で全長20 mmサイズの稚魚に成長し，90〜100日齢で全長30〜35 mmに達すると，放流用や中間育成用種苗に使用される．

　茨城県，千葉県，日栽協南伊豆事業場の1997〜1999年における全長約30 mmまでの種苗生産結果を図2・4に示す[4]．生産量では茨城県（1997年）の120万尾が最も多く，生残率では南伊豆事業場（1998年）の70%が最も高い値であった．3機関の平均生産量と平均生残率は，約47万尾／機関および約45%／機関であった．

## §4. 鰾の開腔と変形魚

　スズキ[12]は，マダイ *Pagrus major* [13, 14]と同様に有気管鰾期に水表面での空気呑み込みに失敗すると鰾腔にガスを保有しない仔魚が生じ，それらの一部は脊柱がV字に屈曲（脊柱前湾症）することが，飼育実験によって明らかにされている．著者らは飼育魚を用いて本種の鰾の分化と発達を組織学的に検討した[15]．スズキの鰾の原基は，2日齢に胃原基後部背面壁の一部が膨出して形成され（図2・5A，B），マダイ[16]，ヨーロッパスズキ *Dicentarchus labrax* [17]と同様に孵化後比較的早期に発生する．鰾腔にガスを保有する仔魚は，摂餌が開始された翌日の8日齢から観察され（図2・5C），15日齢頃までに大半の仔魚が機能化した鰾をもつようになった．20日齢に鰾腔にガスを認めない仔魚が観察された．その鰾上皮は，同日齢に鰾腔にガスを保有する仔魚の鰾（図2・5D）に比較して著しく肥大して過形成の状態を呈し（図2・5E），その組織像はマダイ[13]の像に酷似していた．30日齢頃から鰾が萎縮した仔魚が観察され始め（図2・5F），これは過形成状態の鰾がしだいに萎縮したものと推察された．以上のことから，スズキの鰾の形成過程や鰾上皮の変性は，他の無管鰾魚[13, 18, 19]で得られた結果と一致することが明らかとなった．摂餌開始と同時に水表面の油膜を除去することにより，仔魚の空気呑み込みが容易となり，脊柱前湾症の稚魚は，ほとんど観察されなくなった．その他，錐体の癒合，鰓蓋の欠損，鼻孔隔皮の欠損した変形魚がわずかに観察される[1]程度であった．

　近年，仔魚の主要な餌料として用いられてきたアルテミア卵は不作により価

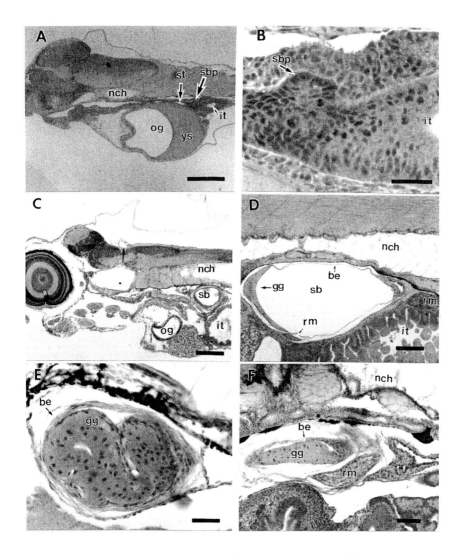

図2・5　スズキ仔魚の縦断面でみた鰾の分化と発達．A：2日齢，鰾の原基発現，B：Aの拡大，C：8日齢，鰾腔でのガス保有，D：20日齢，鰾腔でのガス保有，E：同齢，鰾上皮の肥大による鰾腔のガス欠如，F：35日齢，萎縮の鰾．スケールは 200μm（A），100μm（C），50μm（D, E, F），20μm（B）を示す．be：鰾上皮，gg：ガス腺，it：腸，nch：脊索，og：油球，rm：奇網，sb：鰾，sbp：鰾小嚢，st：胃，ys：卵黄

格が高騰している．そこで，日本栽培漁業協会南伊豆事業場[20]ではアルテミア幼生の給餌量を減少させる飼育試験を行い，変形魚の出現度合いを調べた．アルテミア幼生を全く与えない場合の生残率は 15 ％で，シオミズツボワムシ，配合飼料およびアルテミア幼生を与えた通常飼育区より 30 ％も低くなった．また，同試験区の錐体異常魚と外観異常魚の割合は，通常飼育区の約 6 倍（30 ％）になることから，短期間でもアルテミア幼生を給餌する必要性が認められた．

### §5．疾病と対策

現在まで細菌性疾病によって仔稚魚が大量死した例はない．しかし，ウイルス性神経壊死症（VNN）が，1995[21]，1996[22]，1998[23] 年に発生し，いずれの年も全長 11〜12 mm の仔魚が大量に死亡した．病魚は養成親魚が水槽内で自然産出した卵，あるいは養成親魚の人工受精卵から孵化したものと推定された．その後，飼育密度を下げて VNN 発生要因の一つとされる養成親魚のストレスを下げる処置や，養成親魚の卵をヨウ素（有効ヨウ素濃度：20 ppm）で 15 分間消毒を行うなどの予防策がとられ，現在まで VNN の発生はない．

### §6．今後の展望

これまでの種苗生産技術検討会の技術交流によって，当初課題となっていた変形魚の出現防止方法，配合飼料への早期餌付け方法，疾病対策などは，現在までに解決が図られ，安定した生産を行うことが可能になった．しかし，前述したように本種の人工採卵は天然魚に依存しており，その入手は海況に左右されやすく，捕獲から水揚げまでの間の損傷によるへい死[8]などにより，十分量の良質卵を安定的に確保するには問題が残されている．また，遺伝学的に偏りが大きい種苗が生産される可能性が高いことも問題である．このことから，本種においても水槽内で自然に産出される良質卵を得ることが必要である．マダイやヒラメ *Paralichthys olivaceus* の大量生産を可能にした大きな要因の一つは，養成親魚の自然産卵による採卵方法の確立である[24]．本種もこの確立によりマダイ，ヒラメ並みの良質卵を安定的に十分量確保することが急務である．しかし，本種は人工的な飼育環境に慣れにくく，正常な産卵行動を行わない可能性が高い[8]ことから，できるだけ生理的に正常な状態において内分泌系の上

位中枢を刺激して成熟や産卵を制御させることが肝要である．したがって，スズキにおいても今後，近縁種のヨーロッパスズキ[25]の成熟・産卵制御に用いられて効果をあげている LHRH やこのアナログ（LHRH-$\alpha$）を用いた催熟実験が行われることが必要であろう．

文　献

1）日本栽培漁業協会：スズキ種苗生産技術開発の現状, 1-37（1998）.

2）渡部泰輔：日水誌, **31**, 585-590（1965）.

3）岩波重之, 内山雅史, 牧野　直, 小島英二：平成元年度千葉栽漁セ業務報, 31-43（1991）.

4）日本栽培漁業協会南伊豆事業場：平成 10 年度スズキ種苗生産技術検討会資料, 1-21（1998）.

5）渥美　敏, 高瀬　進, 吉川昌之：栽培技研, **22**, 127-135（1994）.

6）牧野　直, 内山雅史, 岩波重之, 遠山忠次, 田中　克：日水誌, **65**, 268-277（1999）.

7）金子信一, 牧野　直, 小島英二：平成 3 年度千葉栽漁セ業務報, 34-35（1993）.

8）牧野　直, 内山雅史, 岩波重之, 遠山忠次：日水誌, **65**, 1030-1041（1999）.

9）牧野　直, 金子信一, 小島英二, 遠山忠次：日水誌, **65**, 1042-1053（1999）.

10）K. Hirose, Y. Machida, and E. M. Donaldson : *Nippon Suisan Gakkaishi*, **45**, 31-36（1979）.

11）R. E. Stevns : *Progr. Fish-Culturist*, **28**, 19-28（1966）.

12）林田豪介, 塚島康生, 松浦恵一, 北島　力：長崎水試研報, **10**, 35-40（1984）.

13）隆島史夫, 荒井泰晴, 野村　稔：東水大研報, **67**, 67-73（1980）.

14）北島　力, 塚島康生, 藤田矢郎, 渡辺　武, 米　康夫：日水誌, **47**, 1289-1294（1981）.

15）牧野　直, 内山雅史, 岩波重之, 遠山忠次, 田中　克：日水誌, **61**, 143-150（1995）.

16）山下金義：魚雑, **29**, 193-202（1982）.

17）B. Chatain : *Aquacul.*, **53**, 303-311（1986）.

18）D. W. Johnson and I. Katavic : *Aquacul.*, **38**, 67-78（1984）.

19）S. I. Doroshev, J. W. Cornacchia, and K. Hogan : *Rapp. P.-v.Réun. Cons. perm. int. Explor. Mer.*, **178**, 495-500（1981）.

20）日本栽培漁業協会南伊豆事業場：平成 11 年度スズキ種苗生産技術検討会資料, 19-32（1999）.

21）日本栽培漁業協会南伊豆事業場：平成 7 年度スズキ種苗生産技術検討会資料, 1-31（1995）.

22）大分県：平成 8 年度スズキ種苗生産技術検討会資料, 1-3（1996）.

23）大分県：平成 10 年度スズキ種苗生産技術検討会資料, 1-6（1998）.

24）平野礼次郎：海産魚, 魚類の成熟と産卵（日本水産学会編）, 恒星社厚生閣, 1974, pp.13-17.

25）G. Barnabé and R.Barnabé-quet : *Aquacul.*, **49**, 125-132（1985）.

# 3．天然魚の成育場「汽水湖涸沼」に放流した人工種苗の放流効果

山　崎　幸　夫*

　スズキは茨城県の沿岸漁業の重要な魚種であり，一本釣り，底びき網，刺網などにより漁獲されている．そのため，スズキ資源の増大に対する漁業者からの要望も強く，茨城県ではヒラメに次ぐ栽培漁業の対象魚種として，種苗生産および放流効果調査を進めている．現在では種苗生産技術の開発が進み，全長30mmサイズの稚魚を数十万尾単位で生産することが可能となった．

　スズキは幼稚仔の段階で汽水域に出現することが知られている[1-4]．茨城県沿岸域においては，2～3 月に全長 10～20 mmサイズの仔稚魚が沿岸域の水深10 m 以浅に多く分布し，20～30 mm になると湾口付近や河口域周辺に分布するようになり，その一部は汽水域である涸沼に遡上する[5]．涸沼は茨城県のほぼ

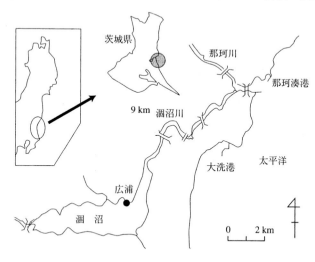

総面積　9.35km²

図3・1　調査海域涸沼および周辺海域の概要

*　茨城県水産試験場

中央に位置する面積約 9.35 km², 水深 2〜3 m の半閉鎖的な汽水湖で, 涸沼川, 那珂川を経由し, 約 9 km 離れた沿岸海域と自由な水の交換が保たれている (図 3·1). 涸沼には天然のスズキ稚魚が遡上することから成育場としての役割を果たしていると考えられている [6]. 著者らは人工種苗の放流場所として涸沼を選定し, 1995 年から 6 ヶ年にわたり種苗放流・追跡調査を行ってきた. ここでは調査から得られた生態的知見を基に, 人工種苗の成育場としての涸沼の有効性を検討するとともに, 種苗放流に付随して生ずる問題点について紹介する.

### §1. 放流稚魚の生態と成育環境

　天然の稚魚が涸沼に出現するのは例年 4 月である. 人工種苗の放流は, 天然魚の出現時期にあわせて 4 月上旬に行い, 全長 30 mm サイズを中心に, 1995 年から 2000 年までの 6 ヶ年間に, 毎年 19 万尾から 49 万尾の稚魚を涸沼および海との連絡河川である那珂川の河口域に放流した. 放流する稚魚は全てアリザリンコンプレクソン (以下 ALC) により耳石標識を施した. スズキ稚魚は, 涸沼で張網と呼ばれる小型定置網に混獲されるため, サンプルの採集は主にこの定置網により行った.

#### 1·1 分布・移動と成長

**涸沼における稚魚の分布状況**　　放流した種苗は約 1 週間で涸沼の全域に広がる. 放流後に川から海へ移動するものも若干はみられるが, 大部分は涸沼の中に定着するものと思われる. 涸沼におけるスズキ稚魚の分布量は, 6 月から 8 月にかけて多く, 9 月以降に急激に少なくなる (図 3·2). 年により季節的な分布量の違いはあるものの, 放流魚, 天然魚とも涸沼に生息する期間は 4 月から 9 月までの約 6 ヶ月間であることが明らかになった. それ以降は, 海への連絡河川である涸沼川, 那珂川を経由し, 河口域や沿岸海域へ移動する.

**成　長**　　4 月に全長 30 mm で放流した稚魚は, 7 月には全長 100 mm に, 9 月には全長 200 mm に成長する (図 3·3). 全長 70 mm 前後までの成長速度は 0.87 mm / 日であるが, それ以降 1.66 mm / 日と急激に速くなる [7]. このような傾向は, 天然魚についても同様で, 松島湾・仙台湾 [3], 若狭湾 [4] における調査からも報告されており, スズキの一般的な特徴であるといえる. 全長 200 mm を超える頃から成長は停滞傾向となるが, この時期には涸沼における生息

尾数が減少する時期とも重なり，成長の早いものが早期に河口域への移動を開始していることも考えられる．松島湾・仙台湾では全長 200 mm 以降に浅海域の成育場から深場へ移動する[3] と報告されており，この全長 200 mm 前後というサイズが生態的な転換点にあるものと考えられる．

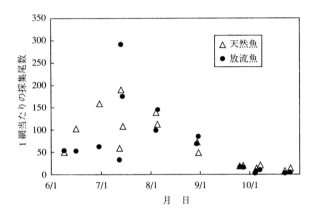

図 3・2　涸沼におけるスズキ稚幼魚の小型定置網採集尾数の継時
　　　　的推移[7]

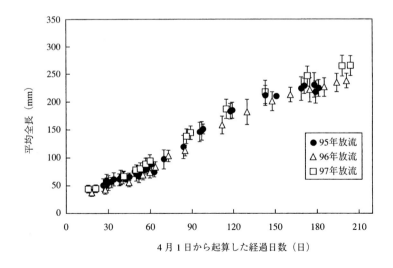

図 3・3　涸沼における放流種苗の平均全長（±標準偏差）の継時的変化[14]

## 1・2　生き残り

**放流サイズの問題**　　種苗放流場所の選定と同様に，どのような大きさで放流すればより効果的かという「最適な放流サイズ」の検討は大きな課題の 1 つである．放流技術開発の進んでいるヒラメやマダイでは，二平[8] や Tsukamotoら[9] による放流サイズが異なる放流群の再捕状況から生残率を比較した事例，山下[10] の ALC 耳石標識を用いて最適な放流サイズを検討した事例などが報告

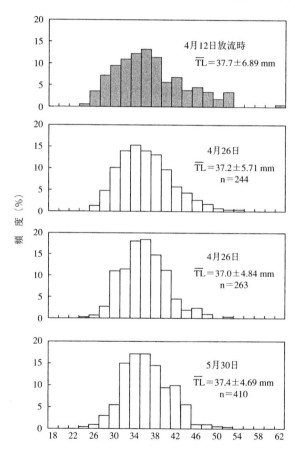

図3・4　1996 年 4 月に涸沼に放流したスズキ種苗の全長組成と放流から〜6 週間後までに再捕された種苗の放流時の推定全長の比較[11]．2〜4 段：再捕された稚魚の耳石標識の大きさから推定した放流時の全長

されている．著者らは，山下らの報告を例に，放流直前に全長 20 mm から 60 mm サイズの種苗の耳石に ALC による標識を施して放流し，再捕魚の耳石の ALC マークの径から放流サイズを推定した[11]．2 週間から 6 週間後に再捕された稚魚の放流時の推定全長は，放流した種苗の全長組成とほとんど変わらず（図 3・4），全長 30 mm 以上であれば放流サイズの違いによる生き残りの差はほとんどないものと推察された．東北太平洋沿岸においては砂浜域に種苗を放流するヒラメの場合，適正放流サイズは全長 90～100 mm とされているが，ナーサリーである涸沼にスズキの種苗を放流する場合は，30 mm サイズというかなり小型のサイズであっても生き残りが保証されるということが明らかになった．

　　**放流後の減耗**　　涸沼に放流した種苗の生残率を推定するため，4 月から 6 月にかけて 3 群の放流を行い，それぞれの放流群の再捕尾数を基にして，放流から 2ヶ月後までの生息尾数の推移を検討した．4 月13 日に放流した 251千尾（平均全長 37 mm）の種苗は，約 1ヶ月後の 5 月14 日には 171 千尾に，2ヶ月後の 6 月 8 日には 92 千尾に減少したものと推定され，それぞれの放流尾数に対する割合は 67.9 %，36.9 %となった（図 3・5）．放流魚は放流から 2ヶ月後には平均全長 100 mm に成長しており，それ以降の減耗は少ないものと考えられることから，涸沼から河口域へ移動するまでの放流魚の最終的な生き残りは，30 %程度になるものと推察された[12]．前述のヒラメでは，全長 100 mmサイズ

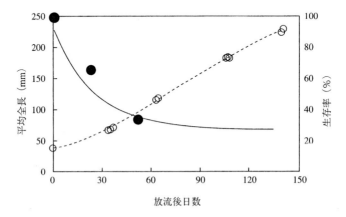

図 3・5　1999 年 4 月に涸沼に放流したスズキ種苗の全長と生残率の推移[12]
　　　　●：生残率（推定生息尾数の放流尾数に対する割合），○：平均全長

で放流した場合の 2 ヶ月後の生残率は 20% 程度と推定されているが, スズキを
涸沼へ放流した場合は, 放流サイズが全長 30 mm と小さいにもかかわらず, 放
流後の初期の減耗は非常に小さいといえる.

## 1・3　餌料条件

**初期餌料**　放流した種苗が天然水域で直ぐに餌生物を摂餌できるかどうか
は, 種苗の生き残りにとって大きな問題である. 放流から 2 週間の期間にわた
り, 再捕した種苗の胃内容物を調べた結果, 涸沼に放流した種苗は比較的容易
に自然の餌料生物を摂餌していることが明らかになった. 涸沼におけるスズキ
稚魚の主要な餌料生物はイサザアミである. 採集した放流魚の摂餌個体割合
(胃の中に餌生物が確認された尾数の割合) は, 放流から 2 日目ですでに 90%
と高い状態を示しており, その後も摂餌割合は高い状態で推移している (図 3・
6). このことは, 放流直後の飢餓による減耗が少ないことを示唆している.

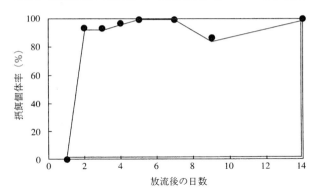

図 3・6　1995 年に涸沼に放流した種苗の放流後 2 週間の摂餌個体率 (消
　　　　化管内に餌生物が存在する個体の割合) の推移[7]

**成長に伴う食性の変化**　涸沼で採集した全長 30〜220 mm までのスズキ稚
魚の胃内容物を調べ, 全長別にどのような餌生物を摂餌しているかを検討した
(図 3・7). 胃内容物から出現した生物はイサザアミ, 稚魚, その他 (カイアシ
類, エビジャコなど) の 3 種類に大別され, 主要なものは前者の 2 種であった.
最も高い頻度で胃内容物から出現したのは, イサザアミで, 1995 年の調査で
はどの全長階級の魚からも摂餌が確認された. イサザアミは放流初期の餌料生
物としてだけではなく, 涸沼生息期間を通して重要な餌料生物となっていると

38

考えられる．胃内容物中の魚類稚魚には，ワカサギ，シラウオ，ハゼ類，ウグイなどが含まれる．涸沼ではスズキは全長 100 mm 前後になると稚魚を摂餌し始め，成長に従いその出現頻度は高まり，全長 200 mm 以降になると魚食性が強くなる傾向が示唆された．2000 年の調査では，イサザアミから稚魚への食性の移行が 1995 年と比較して早い段階で起こっていた．この年のイサザアミの分布量は 6 月以降は例年より低水準で推移していたことから，餌料生物の現

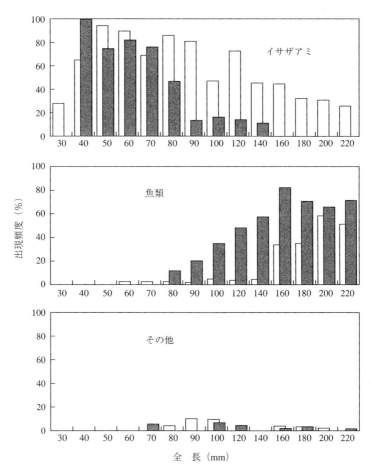

図 3・7　1995 年（白抜き）および 2000 年（斜線）に涸沼で採集した放流スズキ稚魚の全長別胃内容物の出現状況（胃内容物中にその餌生物種類が出現した個体の割合）[12]

存量が食性の転換に影響したものと推察された[13].

### 1·4　捕食者

　飢餓と併せて放流後の大きな減耗要因となるのが，捕食による死亡である．涸沼には約 60 種類の魚類が生息している．小型定置網により採集された魚類について，胃内容物を調べ魚類を捕食しているか否かを調べた結果，ニゴイ，ウグイ，マハゼ，スズキ（未成魚）の 4 種類から稚魚が確認された[11]（図 3·8）．胃内容物中に確認された稚魚の大きさをみると，ニゴイ，スズキでは全長 20～50 mm サイズと放流したスズキ種苗の大きさも十分含まれたが，マハゼでは 20～25mm と放流種苗よりも小さなサイズのものが認められたにすぎない．4 種のうち前者 2 種は基本的には雑食性である．また，マハゼを除く 3 種については生息量が少ない．このようなことから，涸沼においては放流したスズキ種苗に対する捕食圧は小さく，大きな減耗要因となる可能性は低いものと考えられた．

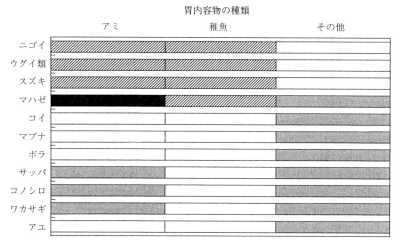

図 3·8　涸沼において小型定置網で採集された主要魚種の胃内容物調査結果[11].
　　　　塗りつぶし：胃内容物中に多くみられた，斜線：普通にみられた，
　　　　点：少ない，白抜き：みられなかった

## §2.　放流種苗の漁業資源への加入

　放流した種苗は，8～9 月には涸沼川・那珂川を下り沿岸海域へ移動していく．海に降りたスズキは，放流した年の秋から翌年の春にかけて，河口域やその周

*40*

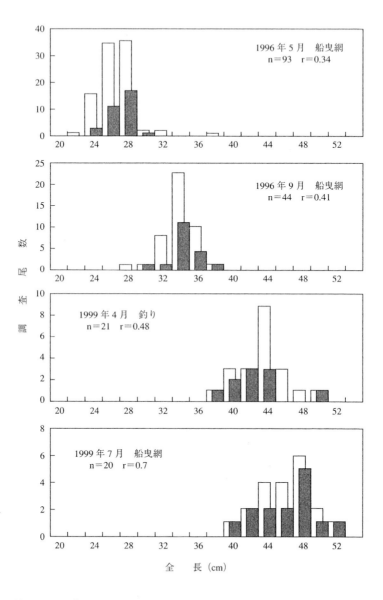

図3·9　1995年4月の放流後に那珂川河口周辺海域で再捕された放流魚の混獲状況と
　　　その全長の時間的推移 [14]. 白抜き：スズキ全尾数，斜線：スズキ放流魚尾数，
　　　n：全調査尾数，r：混獲率（放流魚尾数／放流魚＋天然魚尾数）

辺の浅海域において，遊漁者やシラスを漁獲する船曳網により再捕された [14] （図 3·9）．漁獲物の中に放流種苗が占める割合（以下混獲率）は，34〜70％と高い値となっており，涸沼で成育したスズキは 1 年程度は河口域に近い沿岸海域に滞留しているものと推察された．

　若狭湾や仙台湾の調査では，スズキは 1 歳魚の秋以降に浅海域から沖合の深い水深帯への季節移動を開始すると報告されている [15, 16]．涸沼に放流した種苗

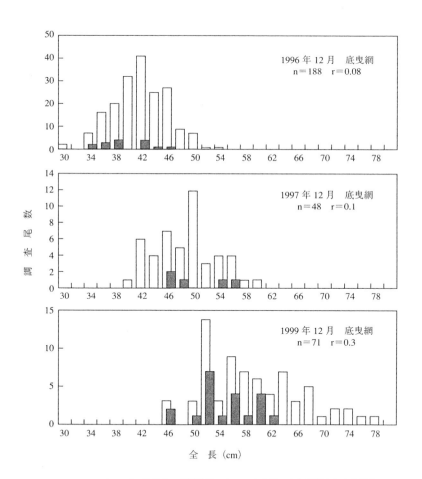

図3·10　1995 年 4 月の放流後に沿岸海域において底曳網により再捕された放流魚の混獲状況とそれらの全長の時間的推移 [14]．その他は図3·9参照

は，これらの海域の場合と同様に，放流から 1 年半後の秋から冬にかかけて水深 40〜50 m の海域に移動し，その水域で操業される底曳き網により漁獲され始めた．県中央に位置する那珂湊漁協に底曳き網により水揚げされた漁獲物を調べたところ，放流種苗の混獲率は，1996 年 12 月には全長 40 cm 前後の漁獲物で 7.9%，1997 年 12 月には 40〜60 cm の漁獲物で 10.4%，1999 年には全長 50〜70 cm の漁獲物で 29.6%であった（図 3・10）．他の漁業により漁獲されたものでは，1999 年 4〜6 月に調査した流し刺網漁獲物（全長 50〜80 cm）で 4.9〜8.8%が，2000 年の 8 月の一本釣り漁獲物（全長 55〜80 cm）で 22.6%と高い割合で放流種苗が検出された．再捕された種苗のデータから，放流種苗は 1 年で全長 20〜25 cm，3 年目には 40〜45 cm，5 年目には全長 60 cm 以上に成長していた（図 3・11）．

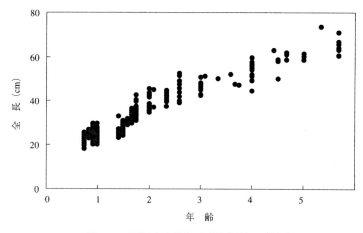

図 3・11　再捕された種苗の年齢と全長との関係 [4]

　以上の結果から，全長 30 mm という小さなサイズで涸沼に放流した種苗が，海面漁業における漁獲対象サイズまで成長し，かなり高い割合で再捕されることが明らかになり，天然魚の成育場 '涸沼' への種苗放流が効果的であることが明らかにされつつある．

## §3. 問題点と今後の課題
　涸沼に放流したスズキの食性は成長に伴い魚食性へと移行する．スズキの胃

内容物中に出現した魚類にはワカサギ，シラウオ，ハゼ類などが含まれ，これらの魚種は涸沼の漁業の有用魚種となっている．また，稚魚期の主要餌料であるイサザアミをめぐる他魚種との競合も考えられる．種苗放流が涸沼の生物群集に与えるインパクトはどの程度あるのか，その評価を行うことが今後の大きな課題である．また，海面漁業における放流効果を算出するに当たっては，これまでの一部の地域の市場調査だけではなく，全県にわたる漁獲物調査を詳細に進め，天然魚を含めた資源全体を把握しながら検討する必要がある．

　さらには，河口域において河川から海へ降下する途中のスズキ幼魚が，遊漁者により多数釣られているという実態もある．涸沼へのスズキ種苗の放流は"ナーサリーの利用"という"有効な手段"である一方で，まだまだ多くの解決すべき課題が残されている．

## 文　献

1 ) 田中　克・松宮義晴：栽培技研，11，49-65（1982）．

2 ) 松宮義晴・田中　克：海洋と生物，34，348-354（1984）．

3 ) 林　文三・清野精次：京都海洋研報，2，109-116, 109-116（1978）．

4 ) 畑中正吉・関野清成：スズキの食生活．日水誌，28，851-856（1962）．

5 ) 茨城県水産試験場：太平洋北区栽培漁業漁場資源生態調査結果報告書，pp.1-84（1975）．

6 ) 高瀬英臣：茨城水試研報，24，105-108（1982）．

7 ) 山崎幸夫：茨城水試研報，35, 1-7（1997）．

8 ) 二平　章：茨城水試研報，33，53-57．

9 ) T. Tsukamoto, H. Kuwada, J. Hirokawa, M. Oya, S. Sekiya, H. Fujimoto and K. Imaizumi：*J. Fish. Biol.*, 35, 59-69（1989）．

10 ) Y. Yamashita, S. Nagahora, H. Yamada and D.Kitagawa：*Mar. Ecol. Prog. Ser.*, 105, 269-276（1994）．

11 ) 山崎幸夫：茨城水試研報，38，9-13（2000）．

12 ) 茨城県水産試験場：放流技術開発事業報告書（平成 7～11 年度総括）．pp.1-24（2000）．

13 ) 茨城県水産試験場：平成 12 年度資源増大技術開発事業報告書（魚類 A グループ）．pp.1-11（2001）．

14 ) 山崎幸夫：茨城水試研報，38，15-19（2000）．

15 ) 林　文三・清野精次：京都海洋研報，1，29-43（1977）．

16 ) 小坂昌也：東海大海洋紀要，3，67-85（1969）．

*44*

# 4. 若狭湾由良川河口域における仔稚魚の生態

大 美 博 昭 *

スズキの初期生活史における特徴の一つとして，産卵場がある沖合域から稚魚の成育場である河口やアマモ場へと顕著な接岸を行うことがあげられる[1]．沖合域における卵，仔魚および河口，アマモ場における幼仔稚魚については，それぞれに多くの研究が各地で行われている[2-9]が，沖合域から河口までスズキ仔稚魚を連続的に追跡した調査はみられず，接岸過程における生態については未解明な部分が多い．

　そこで，筆者らは接岸過程におけるスズキ仔稚魚の分布域の変化に焦点をあて調査を行った．本章ではその結果を紹介する．

### §1. 調査水域・調査方法

　調査は，1993 年11月～1994年 6 月に若狭湾西部に位置する由良川河口およびその周辺海域（図 4·1）で行った．調査を開始する前に，この水域におけるスズキ卵・仔稚魚に関する知見を整理した．林・清野[6]によれば，スズキ卵が主に水深 60 m地点より沖側の海域で 12 月中旬～2 月上旬に，スズキ仔魚は全長 5.8～13.3 mm の個体が舞鶴湾や栗田湾，宮津湾の湾口や湾内で 1 月下旬～3 月下旬に採集され，卵に比べ岸寄りに分布

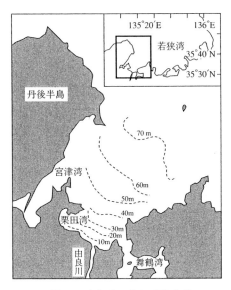

図4·1　由良川河口および周辺海域

* 大阪府立水産試験場

していたことが報告されている．また，南ら[10]においては，由良川河口沖で行った桁網調査で体長9 mmのスズキ幼魚が2月に採集されている．さらに，河口両側に広がる砂浜海岸の砕波帯においてもスズキ仔稚魚が3～4月に採集される（木下，私信）．

以上の知見を踏まえ，河口沖水深50 mの地点から河口砂浜海岸砕波帯までの水域で表4・1のような調査を行った．

表4・1　調査概要

| 調査水域 | 調査定点の水深 (m) | | 調査期間および頻度 | 採集漁具 |
|---|---|---|---|---|
| 沖合域 | 水平分布<br>（底層～表層の傾斜曳） | 10・20・30・40・50 | 1993年11月～1994年3月<br>1～2回／月 | 稚魚ネット<br>（口径1.3 m，目合0.3 mm） |
| | 鉛直分布<br>（表層～底層で10 m毎の水平曳） | 20・40 | | |
| 河口沖近底層 | 5・10・20・30 | | 1993年12月～1994年5月<br>1～2回／月 | 桁網<br>（1.5×0.3 m，目合0.9 mm） |
| 砕波帯 | 0.5 | | 1993年12月～1994年6月<br>1～4回／月 | 小型曳網<br>（4×1 m，目合1 mm） |

## §2.　調査結果の概要

### 2・1　各調査における採集時期と体長範囲および発育段階

図4・2に各調査における採集期間中の採集個体数の推移と体長組成を示す．河口沖合域（稚魚ネット調査）では，スズキ仔魚は1月上旬～3月中旬に採集

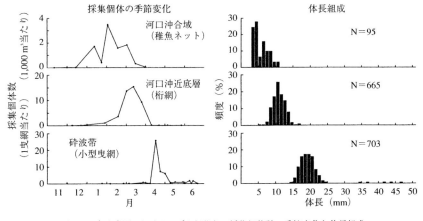

図4・2　各生息圏におけるスズキ仔稚魚の採集個体数の季節変化と体長組成

された．採集された仔魚の大きさは体長 3.0〜10.0 mm で，発育段階をみると卵黄嚢仔魚〜脊索屈曲中仔魚であった．河口沖近底層（桁網調査）では，1 月下旬〜4 月上旬に採集された．特に 2 月下旬〜3 月下旬に多く，その後，3 月下旬から 4 月にかけて採集個体数は急減した．その体長範囲は 5.0〜16.1 mm で，中でも体長範囲 8〜13 mm，背索屈曲中〜完了後の仔魚が多かった．砕波帯（小型曳網調査）では，3 月上旬〜6 月上旬に採集された．採集個体数のピークは 4 月中旬で，桁網調査とは約 1 ヶ月のずれがみられた．体長範囲は 14.1〜50.5 mm と広く，大部分は各鰭条が定数に達した稚魚以降の発育段階の個体であった．

　以上のように，沖合域，河口沖近底層，砕波帯ではスズキ仔稚魚の出現時期，体長範囲，発育段階は重なり合いながらも差がみられた．

### 2・2　河口沖合域における分布

　水平分布調査では，卵は最も沖合の水深 50 m の地点で多く，仔魚はそれよりも河口側の海域で多く採集され，卵，仔魚の水平分布の傾向は林・清野[6]の報告とほぼ同様な結果であった．層別採集の結果（図4・3）をみると，水深 40 m の定点において卵，卵黄嚢仔魚は 30 m 層および底層で，背索前屈曲・中仔魚は 20 m 層で比較的多く採集された．一方，水深 20 m の定点では卵は表層に多く，前屈曲・中仔魚は底層で多い傾向がみられた．桁網調査では多数の屈曲中・後仔魚が採集されており，スズキ仔魚は水深 20 m 以浅において主に近底層に分布していた可能性が高い．

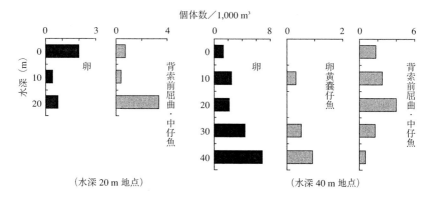

図4・3　スズキ仔魚の発育段階別鉛直分布（個体数 / 1,000 m³ は，7 回の調査の平均値）

## 2・3　河口沖近底層における分布

　河口沖近底層では，主に水深 5 および 10 m の砂底域で採集され，水深 30 m の泥底域ではわずかに 1 尾採集されたのみであった．採集日別の体長組成をみると（図 4・4），採集され始めた 1 月 25 日にはすべて体長 10 mm 未満の個体であったが，2 月 15，28 日には体長 10 mm 以上の個体の頻度が増加した．2 月 28 日と 3 月 11 日では体長組成に差はみられず，3 月 23 日には体長 10 mm 未満の個体はほとんど採集されなかった．以上のような体長組成の変化や採集個体数の変化（図 4・2）から，仔魚は河口沖砂底域において成長し，さらに，採集個体数が急減した 3 月下旬から 4 月上旬の間に河口沖近底層から離れたことが考えられる．

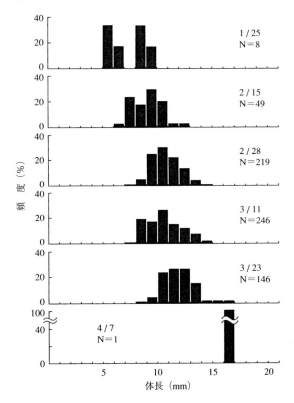

図 4・4　由良川河口沖近底層における採集日ごとのスズキ仔稚魚
　　　　の体長組成（1994 年 1〜4 月）

## 2・4　砕波帯における分布

　砕波帯においては，稚魚期の個体が多く採集された4月には塩分10〜15の範囲であった河口外の定点で多く採集され，塩分5未満で推移した河口内の定点では，ほとんど採集されなかった（図4・5）．5月に入り，採集個体数は減少したが，河口内浅所に設置した小型定置網では，4月から7月にかけて体長15〜100 mmのスズキ幼稚魚が採集されており（大美，未発表），接岸後，河口域一帯に分布していると考えられた．なお，調査定点は河口近辺のみであり，淡水域への進入については不明である．

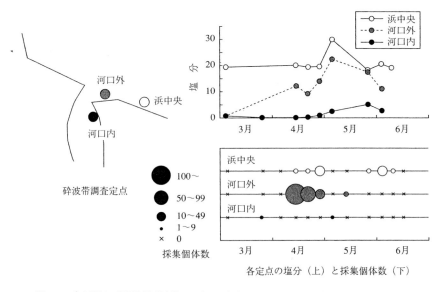

図4・5　由良川河口砂浜海岸砕波帯における調査定点，塩分およびスズキ仔稚魚の採集個体数

## 2・5　耳石輪紋による解析

　耳石輪紋から推定した孵化後日数では，河口沖砂底域には28〜88日齢，砕波帯には54〜116日齢の個体が出現していた．孵化日の範囲は，河口沖砂底域，砕波帯ともに12月下旬〜2月中旬であり，両者で差はみられなかった．採集日毎の孵化日範囲をみると，河口沖砂底域では採集日間で差がみられ，2月15日には12月中旬〜1月中旬に孵化した個体が出現していたが，その後，1月中旬以降に孵化した個体が新たに出現する一方で，3月に入ると12月孵化個体

が減少し，3 月 23 日には主に 1 月上旬～2 月中旬に孵化した個体が出現してい
た（図 4・6）．また，図 4・6 において，河口沖砂底域で採集されたほとんどの
個体は直線 y ＝ x－30 と y ＝ x－65 の間に位置し，同じ時期に孵化した個体

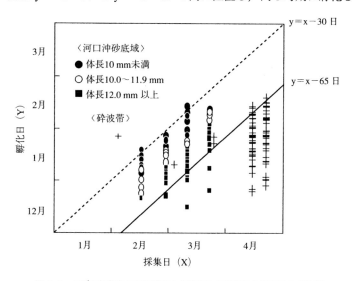

図4・6　スズキ仔稚魚の耳石輪紋から推定した孵化日と採集日との関係

が孵化後約 30 日～65 日の間河口沖砂底域に出現しつづけ，体長は10 mm 未満
から12 mm 以上になっていることがわかる．以上のことから，スズキ仔魚は孵
化後約 30 日ほどで，早期に孵化した個体から順次，沖合域から河口沖砂底域
へ加入し，約 1 ヶ月間滞在した後，河口沖砂底域から離れることが推定された．
　一方，砕波帯では，河口沖砂底域のように早い時期に孵化した個体から順次
加入した様子はみられず，3 月に河口沖砂底域で減少した 12 月孵化個体は，4
月中旬に 1～2 月孵化個体とともに出現していた．また，河口沖砂底域で採集
個体数が急減した 4 月上旬から 4 月中旬までの間，砕波帯では採集されなかっ
たこと（図 4・2）などから，スズキ仔稚魚は河口沖砂底域から離れた後，すぐ
に砕波帯へ移動していないこと，砕波帯への出現は孵化時期の早い遅いに関係
なくほぼ同時期であったことが推測される．

### §3. 由良川河口域における特徴

　今回の調査結果から，由良川河口に接岸してくるスズキ仔魚は沖合で孵化した後，孵化後 30〜65 日の約 1ヶ月間，河口沖砂底域に滞在し，その後，砕波帯へと接岸することが明らかになった（図 4·7）．発育段階からこの接岸過程をみると，背索屈曲期に沖合から砂底域へと加入し，稚魚期になると砕波帯に出現していた．今回示したような分布域の変化が他海域にも当てはまるかどうかについては，他に同様な調査結果がないため詳細は不明である．今回と同様な小型曳網を用いた調査事例で，汽水域における出現サイズをみると，土佐湾四万十川河口では，河口沖砂底域で出現した発育段階から既に河口内浅所に出現している[9]．一方，三河湾干潟域や大阪湾南部砕波帯では発育段階の記載はないものの，全長17 mm 前後から出現しており[11, 12]，今回の砕波帯における結果と似通っている．四万十川河口は外海域に面しているが，後二者と由良川河口はいずれも内湾域に位置しており，汽水域の地理的条件とそこでのスズキ仔稚魚の出現サイズ，発育段階には共通性がみられるようである．一方，ホウボウ，ヒラメ，カマキリにおいては，潮位差がほとんどない若狭湾浅海域における仔稚魚の分布様式が，潮位差の著しい地域と異なることが指摘されている[13]．これらのことから，由良川河口および周辺海域におけるスズキ仔稚魚の分布域の変化は，現段階では内湾域における 1 つの様式であるという見方ができる．

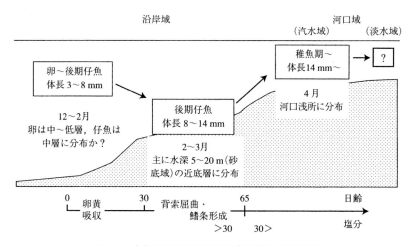

図4·7　由良川河口沖におけるスズキ幼期の接岸模式図

　それでは，スズキ仔稚魚はいったいどのような仕組みによって接岸するのだろうか．今回の調査でも，それを十分に説明するだけのデータは得られなかった．田中[14] は，産卵場から成育場までの卵，仔魚の輸送機構を解明する上で，卵，仔魚の鉛直分布は生物側の「鍵要素」であるとしている．スズキ卵に関しては表層性が強いとの指摘[15] があるが，水深 40 m の定点における結果はそれとは異なっていた．紀伊水道，東京湾では，スズキ卵の濃密分布域は外海系水と内湾系水との接触域近傍にあり[4, 5]，由良川河口沖でもスズキ卵は主に外海に面した地点で採集されている[6]．東京湾湾口部に形成される熱塩フロント近傍の表層では，やはり多くのスズキ卵が採集されており，熱塩フロントがスズキ卵の輸送・分布に密接な関わりをもっていることが指摘されている[16]．今回，層別採集を行った地点は，スズキ卵の主分布域よりも内湾側であった．スズキ卵の鉛直分布に関しては，由良川河口沖においても，より沖側の主分布域での調査を行ったうえで更に検討を行う必要があろう．一方，海産仔魚の鉛直分布に関しては，餌生物の分布層との一致[17] や，明るさとの関連[18] など様々な要因が検討されている．さらに，分布層が潮汐に対応した変化をみせることも知られ，これが接岸における一つの重要な機構であることが示唆されている[19]．スズキ仔魚の分布層に関しては，東京湾口において表〜中層でのみ採集されたこと[20] や遠州灘浅海域（水深 50 m 以浅）では昼間に行った調査において底層で採集されたこと[21] が報告されている．今回の調査結果からは，少なくとも，河口沖砂底域において，昼間は主に近底層に分布することが示唆されたが，スズキ仔魚の鉛直分布に関して，その成因や接岸との関わりを明らかにするには至っておらず，今後の研究に期待したい．

　砂底域に到達したスズキ仔魚は約 1 ヶ月間滞在し，この間，外部形態としては鰭条の形成が進む．Nelson ら[22] は受動的に浅海域に輸送された大西洋産メンハーデン仔魚がその後，内湾の成育場へと移動するときには，鰭がかなり発達し，ある程度能動的な移動が行われている可能性を示唆している．沖合から河口沖砂底域へは早い時期に孵化した個体から順次移入していた様子がみられたのに対し，砕波帯への出現は孵化時期によらずほぼ同時期であったこと（図 4・6）から，スズキ仔魚の砂底域から砕波帯への移動については，自ら生息環境を選択していることを窺わせる．木下[13] は広塩性魚類が低鹹性の砕波帯を選

52

択して接岸している可能性を示しており，スズキ仔魚においても河口周辺の塩分構造が砕波帯への道標の役割を果たしている可能性は高い．一方，前述のように四万十川河口では，由良川河口域に比べ汽水域には発育のより早い段階から出現していることから，河口沖砂底域に出現した個体でも汽水域での生息が十分可能であることが考えられる．なぜ由良川河口域では，沖合から接岸したスズキ仔魚は，そのまま直接砕波帯（汽水域）へ到達せず，河口沖砂底域で約1ヶ月もの間滞在したのであろうか．スズキ仔魚は，砂底域を離れた後すぐに砕波帯へ移動していなかったことから，砕波帯への移動を開始させる要因，逆にいうと，移動を制限する要因が存在しているのかもしれない．また，浅海域に仔稚魚の成育場が形成される要因として，餌生物の分布や捕食圧の問題があげられている[23]．おそらく，河口沖砂底域がこの時期のスズキ仔魚にとって，上記のような要因のバランスがとれた，最も好適な成育場であったことも理由の一つとして考えられる．由良川河口域においては，スズキ仔稚魚が沖合から河口へと接岸する仕組みの中に，河口沖砂底域に滞留する仕組みが存在することが一つの特徴といえる．

　はじめにも述べたようにスズキ仔稚魚の接岸過程については，マダイ[24]やヒラメ[25]といった，他の水産上重要な魚種に比べ，驚くほど知見が少ない．魚類の初期生活史における接岸は，個体群維持にとって重要な意義をもち[23]，スズキ資源の再生産過程を把握する上からも，今後，更なる研究が望まれる．

## 文　献

1）田中　克・松宮義晴：栽培技研，11，49-65（1982）.
2）大島泰雄：藻場と稚魚の繁殖保護について．水産学の概観（日本水産学会編），日本学術振興会，1954，pp.128-181.
3）畑中正吉・関野清成：日水誌，28，851-856（1962）.
4）渡部泰輔：日水誌，31，585-590（1965）.
5）堀木信夫：栽培技研，5，1-9（1976）.
6）林　文三・清野精次：京都海研報，2，109-116（1978）.
7）辻野耕實：第17回南西海区ブロック内海漁業研究会報告，37-42（1985）.
8）山田浩且・冨山　実・久野正博・津本欣吾：水産海洋研究，64，25-35（2000）.
9）藤田真二：四万十川河口域におけるスズキ属，ヘダイ亜科仔稚魚の生態学的研究，博士論文，九大，1994，iii+141pp.
10）南　卓志・中坊徹次・魚住雄二・清野精次：昭和50年度京都水試事報，74-100（1977）.
11）田代秀明・小山舜二・村松寿夫：潮間帯周辺海域における浄化機能と生物生産に関す

る研究昭和 59 年度研究成果報告書，東海区水産研究所・南西海区水産研究所，125-138（1985）.

12）辻野耕實・安部恒之・日下部敬之：大阪水試研報，**9**，11-32（1995）.

13）木下　泉：砂浜海岸の成育場としての意義. 砂浜海岸における仔稚魚の生物学（千田哲資・木下　泉編），恒星社厚生閣，1998，pp.122-133.

14）田中　克：再生産過程と流れの構造－課題と展望. 流れと生物と（川合英夫編），京都大学学術出版会，1991，pp.148-159.

15）堀木信夫：昭和 48 年度和歌山水試事報，168-175（1974）.

16）中田英昭・岩槻幸雄：月刊海洋，**23**，199-203（1991）.

17）中谷敏邦・前田辰昭：日水誌，**53**，1585-1591（1987）.

18）日下部敬之・中嶋昌紀・佐野雅基・渡辺和夫：日水誌，**66**，713-718（2000）.

19）M. Tanaka, T. Goto, M. Tomiyama, H. Sudo and M. Azuma : *Rapp. P. -v. Reun. Cons. int. Explor. Mer*, **191**, 303-310 (1989).

20）鈴木秀弥・本城康至：水銀等汚染水域調査報告書第 2 報，水産庁研究部，23-37（1979）.

21）影山佳之：静岡水試研報，**26**，51-63（1991）.

22）W. R. Nelson, M. R. Ingham, and W. E. Schaaf : *Fish. Bull.*, **75**, 23-41 (1977).

23）田中　克：接岸回遊の機構とその意義. 魚類の初期発育（田中　克編），恒星社厚生閣，1991，pp.119-132.

24）田中　克：稚仔魚の生態. マダイの資源培養技術（田中　克・松宮義晴編），恒星社厚生閣，1986，pp.59-74.

25）乃一哲久：初期生態. ヒラメの生物学と資源培養（南　卓志・田中　克編），恒星社厚生閣，1997，pp.25-40.

# 5. 土佐湾四万十川河口域における仔稚魚の生態

藤　田　真　二[*1]

　四国の脊梁から 200 km 近くを流れ土佐湾の南西部に注ぐ四万十川では河口から上流約 6 km の間が汽水域となる．1980 年代まで，ここは人為的な改変の程度が小さく，本邦では数少ない本来の姿を留める河口域であった．現在，その姿は変貌しつつあるが，以下の内容はその当時に得られた情報に基づいている．

　四万十川河口域は周年にわたって広塩性の海産魚を中心とした多様な仔稚魚に成育場として利用されており，岸際の浅所で小型曳網により採集された仔稚魚は 2 ヶ年の調査で 42 科 100 種を超えた[1]．その優占上位 10 種の出現パターンは図 5・1 に示すとおりであり，スズキは冬〜春季に優占種として出現する．本章では当水域におけるスズキ仔稚魚の生活様式を概観するとともに，近縁なヒラスズキ仔稚魚のそれとも対比しつつ，その特徴を明らかにしたい．

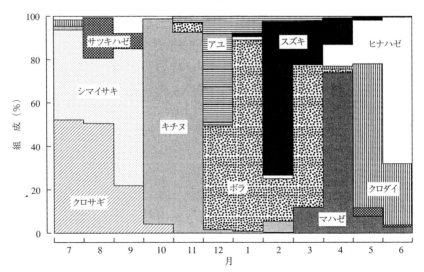

　図 5・1　四万十川河口内浅所に出現する主要な仔稚魚（優占上位 10 種）の個体数組成の経月変化．1985 年 7 月〜1987 年 6 月の月 1 回の採集結果[1] をもとに作成

*[*1] 西日本科学技術研究所

## §1. 出現の季節変化と成長

　四万十川河口内の岸際浅所において月 1 回の頻度で 2 年間実施した小型曳網
（横 4 m，丈 1 m，網目 1 mm）による採集結果を図 5・2 に示す．スズキ仔稚魚
は両年とも 2～4 月を中心に出現した．この間，出現のピークは年により異な
ったが，年間の努力量当たりの出現量は同程度であった．2～4 月の平均塩分は
4.5～19.5 の範囲にあり，文字通り汽水域であった．ヒラスズキ仔稚魚も同時
期に採集されたが，その総出現量はスズキ仔稚魚の 5 %程度と少なかった．

　図 5・2 から明らかなように採集されるスズキの体長は月を追うごとに増大す
る．この詳細を体長組成として図 5・3 に示す．時期による体長組成の変化は 2
ヶ年ともほぼ一致しており，1 月に 10 mm 前後の個体が少数ながら出現し，2
月に 10～13 mm の仔魚が大量に出現した．3 月になると組成はやや右の方へ
広がるが，主体は 13～15 mm の個体であり，2 月と大差はなかった．一方，4

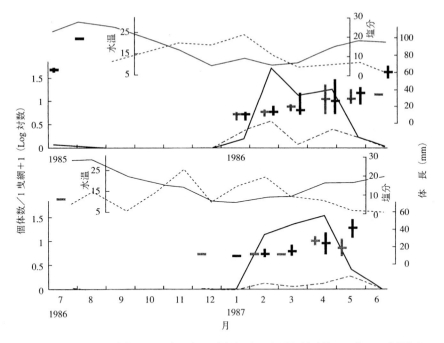

図 5・2　四万十川河口内浅所での 1 曳網（50 m 曳）当たりの出現量（太実線がスズキ，一点鎖線が
　　　　ヒラスズキ），体長（黒縦横棒がスズキの範囲と平均，薄縦横棒がヒラスズキ），水温（細
　　　　実線），塩分（破線）の経月変化（藤田[1]を改変）

56

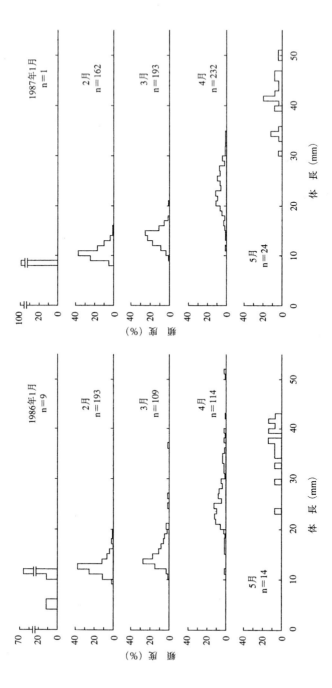

図 5・3　四万十川河口内浅所で採集されたスズキの月別の体長組成[1]

月には組成が大きく変化し，20 mm 以上の個体が中心となり，35 mm 前後まで連続して出現した．そして，出現量の減少する 5 月には 30〜50 mm の間で不連続な組成となった．このような出現の季節変化から，スズキは 1〜3 月に体長 10〜15 mm で産卵域とされる海域から河口内浅所に加入し，5 月には 50 mm 程度に成長することがわかる．スズキは体長 15 mm 前後で各鰭条が完成する [2] ことから，加入個体の多くは仔魚から稚魚への移行期の発育段階にある．

　河口内で採集されたスズキ仔稚魚の日齢（耳石日周輪から推定）と体長の関係から，河口内へは遅くとも 40 日齢前後で加入していたと判断できる（図5・4）．これは若狭湾では沖合から水深 5 m 前後の砂底域へ加入する日齢に [*2]，有明海では河口沖合域に出現するそれに相当する [3]．このような集合場所の地域間の相違に関する詳細は本書 7 章 [4] に整理されているとおりである．

　なお，1987 年に月 1 回行った河口内流心部での稚魚ネットによる調査で合計 21 個体の脊索屈曲前のスズキ仔魚（2.2〜9.0 mm BL，平均 3.3 mm BL）と 5 個のスズキ属卵が採集された [1]．これは当地域におけるスズキの産卵場が本河口域内もしくはその周辺海域にあることを示唆するとともに，浮遊期仔魚の分布域が河口内にまで及んでいることを示している．

　四万十川河口内の浅所に加入したスズキは 60 日齢で体長約 15 mm，90 日で 20 mm 程度に成長した（図5・4）．この成長速度は若狭湾 [*2] や有明海 [5] での調査事例に比べやや早い．

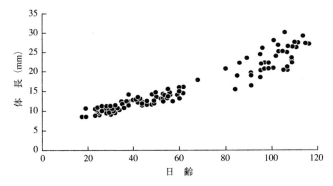

図5・4　四万十川河口内浅所で採集されたスズキ仔稚魚の耳石の輪紋数より求めた日齢と体長との関係（藤田 [1] を改変）

*2 大美博昭：修士論文，京大，1995

　日齢と採集日から算出した孵化日は 12 月下旬から 2 月中旬の間にあり（図
5・5），産卵期（産卵後 4〜5 日で孵化[6]）は，有明海[7]，瀬戸内海[8]，若狭湾[*2]，
東京湾[9]，仙台湾[10] などの広い地域でほぼ共通している．図 5・5 によると，
各月の採集個体の孵化日は 1 月中〜下旬の間で重複している．これは少なくと
もこの期間に孵化した個体が 2〜4 月の 3ヶ月にわたって河口内浅所に滞在して
いたことを示している．

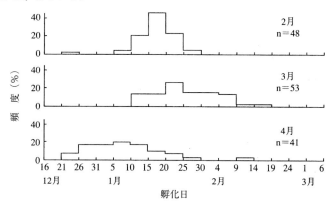

図 5・5　1987 年に四万十川河口内浅所に出現したスズキ仔稚魚の採集月別の孵
　　　　化日組成（藤田[1] を改変）

　一方，4 月の調査時には 2，3 月時にはほとんど確認されなかった，早生ま
れの個体（12 月下旬〜1 月上旬生まれ）が多く出現し，それまでとは異なった
集団が 4 月に出現した可能性がある．砂浜海岸砕波帯に出現するアユ仔稚魚で
は，孵化時期により回遊パターンが異なることが知られている[11]．スズキにつ
いても孵化時期の早遅によって接岸する場所やその際の発育段階などに差違が
あるかもしれない．これについては今後の詳細な研究を待ちたい．

## §2.　生息場所

　四万十川河口内の浅所砂泥地にはコアマモ *Zostera japonica* の群落よりなる
アマモ場がみられる．これらコアマモは内湾の砂地に生育するアマモ *Z. marina*
に比べ草丈は低いが，繁茂密度（株数）が高い[*3]．さらに，繁茂する水深帯は
低塩分で浅い[12]．このような当河口内のアマモ場においても内湾（瀬戸内海[13, 14]，

---

*3 田井野清也・平賀洋一：平成 9 年度日本水産学会秋季大会講演要旨集

伊勢湾，三河湾 [15]，松島湾 [16]，阿蘇海 [17] など）のそれと同じくスズキ，ヒラスズキを含む多様な仔稚魚が採集される [1]．そこで，河口内での採集場所をアマモ場とそれ以外の水域（以下，非アマモ域）に分け，スズキとヒラスズキの1曳網当たりの出現量比を両水域間で比較した（図5·6）．

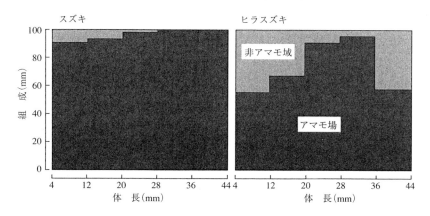

図5·6　四万十川河口内浅所のアマモ場と非アマモ域で採集されたスズキ，ヒラスズキの体長
段階別による1曳網当たり出現量の比（藤田 [1] を改変）

　スズキでは全体の約95％がアマモ場に出現し，本種がアマモ場に蝟集することは明白である．また，浅所に加入直後とされる体長12 mm 以下の個体についてもその9割がアマモ場に出現することから河口域浅所に到達したスズキ仔魚は直ちにアマモ場へ蝟集しているといえる．

　一方，ヒラスズキ仔稚魚では，アマモ場での出現割合がスズキに比べ明らかに低く，アマモ場に対する選好性の程度が2種間で異なっていることが示唆される．Fujita ら [18] はこの河口内での生息場所の種間差をスズキとヒラスズキがそれぞれ河口域と砂浜海岸砕波帯を主成育場としていることに関連した現象として捉えている．

　スズキが幼期に内湾のアマモ場へ集合することは古くから知られている [13-17]．田中・松宮 [3] はこのようなアマモ場でのスズキの採集事例を総括し，多くは5〜6月頃に体長30〜40 mm の若魚が出現するとしている．本河口域のアマモ場のように12 mm 以下の仔魚期から出現する現象は希といえよう．しかし，これら内湾のアマモ場での採集具には多くが目合い5 mm 前後の藻手繰網，えび

漕ぎ網, 地曳網などが用いられており, 小型曳網 (目合 1 mm) を用いた本調査とは採集サイズの選択性が異なる. 他水域のアマモ場においても本調査と類似した採集を行えば仔魚から確認できる可能性が高い. このことは, 小型曳網によって調査された三河湾 [15) のアマモ場で多数の後期仔魚 (10〜15 mm SL) が採集されていることからも窺える.

Day ら [19) は河口域が魚類の成育場として成立する条件として, 多様な餌料と捕食者からの逃避場所の存在が特に重要であると指摘しており, 本河口域のアマモ場はこれらの条件と深く関わっていよう. 次にその条件の一つである餌場としての機能に着目したい.

## §3. 食 性

アマモ場への蝟集と摂餌生態との関連をみるため, スズキ, ヒラスズキの食性をアマモ場と非アマモ域との間で比較した (表 5・1). 食性分析に供した仔稚魚の採集時期, サイズは種・場所間で統一している.

表5・1 四万十川河口内浅所のアマモ場と非アマモ域で採集されたスズキ, ヒラスズキの消化管内容物の個体数組成 [1) (＋は計数不能を示す)

| | スズキ | | ヒラスズキ | |
|---|---|---|---|---|
| | アマモ場 | 非アマモ域 | アマモ場 | 非アマモ域 |
| 体長範囲 (mm) | 10.4〜16.6 | 10.7〜17.0 | 10.5〜16.1 | 10.4〜17.0 |
| 1 尾あたりの餌個体数 | 37 | 12 | 21 | 30 |
| 多毛類 | 0.2 | 0.0 | 1.6 | 0.0 |
| 枝角類 | 29.4 | 33.2 | 3.2 | 5.4 |
| 貝型中類 | 0.1 | 0.0 | 0.3 | 0.0 |
| カイアシ類 | 69.4 | 65.0 | 70.2 | 90.3 |
| クーマ類 | 0.1 | 0.3 | 0.0 | 0.0 |
| ヨコエビ類 | 0.4 | 1.2 | 1.3 | 0.4 |
| エビ類幼生 | 0.1 | 0.3 | 0.0 | 0.2 |
| カニ類幼生 | 0.0 | 0.0 | 3.2 | 0.6 |
| 仔魚 | 0.3 | 0.0 | 20.0 | 3.1 |
| 不明 | 0.0 | ＋ | ＋ | 0.0 |

スズキ仔稚魚では, アマモ場で採集された個体 1 尾あたりの餌数は非アマモ域での約 3 倍に達した. 一方, 餌の個体数組成に場所間での差は小さく, 主体はカイアシ類で, 次いで枝角類が多く摂餌されていた.

　これに対し，ヒラスズキ仔稚魚の1尾あたりの餌数はアマモ場で少なかった．しかし，本種の餌組成をみると，両場所とも主体はカイアシ類であるものの，アマモ場では仔魚が相対に多く摂餌されており，個体数のみでは場所間の摂餌量の差は言及し難い．

　そこで主要な餌生物であった枝角類，カイアシ類，仔魚については乾燥重量に換算し図5・7に示す．なおここで摂餌されていた仔魚は大半がミミズハゼ属の浮遊期仔魚であり，枝角類，カイアシ類についても全て浮遊性種であった[18]．

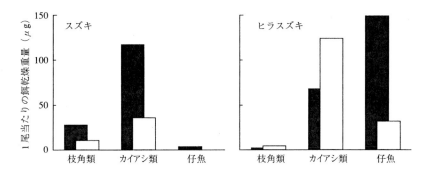

図5・7　四万十川河口内のアマモ場（黒棒）と非アマモ域（白棒）で採集されたスズキ，ヒラスズキ仔稚魚1尾当たりの主要な消化管内容物の乾燥重量[18]

　図5・7をみると，スズキ仔稚魚はアマモ場で明らかに多くの餌料を摂っており，アマモ場の摂餌場所としての重要性が強調される．一方，ヒラスズキではスズキに比べ仔魚を多く摂餌していることが特徴的であり，とりわけアマモ場での摂餌量が卓越した．また，非アマモ域で採集されたヒラスズキ仔稚魚ではスズキと同じくカイアシ類を多食していた．このように，ヒラスズキでは場所間で主食が異なるものの，摂餌総量に大差はない．これは本種の摂餌場所がスズキに比べアマモ場に特定されていないことを示している．

　以上のような摂餌生態にみられた相違は両種のアマモ場への蝟集状況と矛盾しない．このような近縁種間での棲み分けや食い分けは多くの魚種で確認されてきたが[20-22]，スズキとヒラスズキとの間では成育場への加入当初からすでにこの現象をみることができる．このことはこれら両種の相違がその場での個体間の競合に起因する現象ではなく，それぞれの種の普遍的な特性の違いである

可能性を強く示唆しており，種分化の過程を考える上でも興味深い．

### §4．スズキ仔稚魚とアマモ場との関係

　前項から，スズキ仔稚魚は摂餌を目的としてアマモ場へ蝟集している様子が想像できる．しかし，17 mm SL 以下のスズキ仔稚魚がアマモ場で主食としていたカイアシ類は *Paracalanus* 属を中心とする浮遊性種であり [18]，アマモ場に特有の餌生物とはいえない．実際，ヒラスズキ仔稚魚はこれらと同じ浮遊性のカイアシ類を非アマモ域で多食している（図 5·7）．スズキがヨコエビ類，ワレカラ類，アミ類などのアマモ場に豊富とされる葉上動物 [23] へと食性を転換する時期はさらに成長してからとなる [15, 16]．

　したがって，スズキ仔稚魚のアマモ場への蝟集は特定の餌生物の分布や餌の密度傾斜などからは説明しづらい．同様に，本河口内の浅所に出現し，成長とともにアマモ場へ蝟集することが確認されているヘダイ，クロダイ，キチヌについてもアマモ場に到達後しばらくの間は浮遊性のカイアシ類を主食としており [1]，スズキ仔稚魚と共通した食生活を送る．

　Holt ら [24] はスズキやヘダイ亜科と同じく海草場に蝟集するにも拘わらず浮遊性のカイアシ類などを専食するニベ科の red drum *Sciaenops ocellatus* 仔稚魚の分布状況を詳細に調べ，その逃避場所としての役割を指摘している．また，山元ら [25] もクロダイ放流種苗の被食率から，アマモ場の同機能を支持している．これらを考え合わせると，スズキ仔稚魚がアマモ場へ蝟集する目的も逃避場所の確保である可能性が高い．

　一方，スズキ仔稚魚のアマモ場と非アマモ域との間での摂餌量の差は逃避場所の有無からは説明できない．この検証にはさらに調査が必要であるが，アマモ場にはヨコエビ類などの豊富な葉上生物が分布していることで底生生活へ移行した少なくとも30 mm SL 以上のスズキにとっては餌場として利用されるようになる [15, 16]．

　以上のように，スズキ仔稚魚がアマモ場へ向かう動機には幾つかの要因が想定でき，河口内浅所におけるアマモ場の重要性は十分に理解されたものと思う．一方，四万十川河口域のようなアマモ場がある地域は土佐湾においても非常に限られており，スズキ仔稚魚の成育にとってアマモ場の存在が絶対条件とは考

え難い．このことはアマモ場とは無縁な生活史をもつ若狭湾 26) や有明海 27) の
スズキ仔稚魚の存在からも明らかである．おそらく，アマモ場が希または不在
の地域ではアマモ場に代わる成育場を求めていると想像する．また，仔魚から
稚魚への移行期に接岸する場所に関する情報も明らかに乏しく，スズキの成育
場となる本質的な条件を問うには，多様な地域における河口・浅海域での様々
な手法による調査が必要である．

## 文　献

1 ) 藤田真二：四万十川河口域におけるスズキ
属，ヘダイ亜科仔稚魚の生態学的研究，博
士論文，九大，1994，iii+141 pp.

2 ) 木下　泉：スズキ，日本産稚魚図鑑（沖山
宗雄編），東海大学出版会，1988，pp.403.

3 ) 田中　克・松宮義晴：栽培技研，11，49-
65（1982）．

4 ) 木下　泉：初期生活史の多様性，スズキと
生物多様性－水産資源生物学の新展開（田
中　克・木下　泉編），恒星社厚生閣，2002，
pp.79-90.

5 ) Y. Matsumiya, T. Mitani and M. Tanaka :
*Nippon Suisan Gakkaishi*, 48, 129-138
(1982).

6 ) 水戸　敏：九大農学芸雑誌，16，115-123
（1957）．

7 ) Y. Matsumiya, H. Masumoto and M.
Tanaka : *Nippon Suisan Gakkaishi*, 51,
1955-1961 (1985).

8 ) 堀木信男：栽培技研，5，1-9（1976）．

9 ) 渡部泰輔：日水誌，31，585-590（1965）．

10) 畑中正吉・関野清成：日水誌，28，857-
861（1962）．

11) 塚本勝巳：アユの回遊メカニズムと行動特
性，現代の魚類学（上野輝彌・沖山宗雄編），
朝倉書店，1988，pp.100-133.

12) 藤田真二：砂浜海岸と河口域浅海との比較，
砂浜海岸における仔稚魚の生物学（千田哲
資・木下　泉編），恒星社厚生閣，1998，
pp.42-51.

13) 宇都宮　正：山口内水誌報，6，25-30

14) 布施慎一郎：生理生態，11，1-22（1962）．

15) 大島泰雄：藻場と稚魚の繁殖保護について，
水産学の概観（日本水産学会編），日本学
術振興会，1954，pp.128-181.

16) 畑中正吉・関野清成：日水誌，28，851-
856（1962）．

17) 中津川俊雄：京都海洋研報，4，57-67
（1980）．

18) S. Fujita, I. Kinoshita, I. Takahashi, and
K. Azuma : *Jpn. J. Ichthyol.*, 35, 365-370
(1988).

19) J. W. Day, C. A. S. Hall, W. M. Kemp, and
A. Yanez-Arancibia : Estuarine ecology,
Wiley-Interscience, 1989, xiii+557pp.

20) 水野信彦・川那部浩哉・宮地伝三郎・森
主一・児玉浩憲・大串竜一・日下部有信・
古屋八重子：京大生理生態学研究業績，
81，1-48（1958）．

21) 川那部浩哉：生理生態，9，1-10（1960）．

22) 大森迪夫：日水誌，41，615-629（1975）．

23) T. Kikuchi : *Publ. Amakusa Mar. Biol.
Lab.*, 1, 1-106 (1966).

24) S. A. Holt, C. L. Kitting, and C. R.
Arnold : *Trans. Ame. Fish. Soc.*, 112,
267-271 (1983).

25) 山元宣征・岩佐秀一・立石　賢・池田義
弘・森　勇：長崎水試研報，8，13-20
（1982）．

26) 大美博昭：若狭湾由良川河口域における仔
稚魚の生態，スズキと生物の多様性－水産

(1954).

資源生物学の新展開（田中　克・木下　泉編），恒星社厚生閣，2001，pp.44-53.

27）日比野　学：有明海産スズキの初期生活史にみられる多様性，スズキと生物の多様性－水産資源生物学の新展開（田中　克・木下　泉編），恒星社厚生閣，2001，pp.65-78.

# 6. 有明海産スズキの初期生活史にみられる多様性

日 比 野 　 学 [*1]

　有明海においてスズキは重要な漁獲物の一つであり，栽培漁業展開のための天然資源の生態調査[1] が 1970 年代から始まった．中でも，九州最大の河川である筑後川の河口域におけるスズキの初期生態に関する調査は，1980 年代初期から現在まで継続して行われているなど，有明海はスズキ幼期の生態に関して最も知見の充実した海域の一つと考えられる．また，他海域における知見が増すにつれ，有明海のスズキは諸性質を異にすることが，河川遡上生態[2-7] や形態情報[8, 9] , [*2] などから示唆されてきた．そして，アロザイムや DNA 分析の結果，有明海のスズキは日本の他海域のものとは遺伝的に異なる固有の個体群であることが確証された[9-11]．このような特異な個体群がなぜ有明海のみに維持されてきたかを明らかにするためには，初期生活史に見られる生態的な特徴やその固有性をさらに詳しく検討することが必要である．

　本章では，これまで比較的多くの知見が得られている筑後川河口域における研究を中心にスズキの初期生態を紹介する．また，本種の干潟汀線域への出現に関する最近の知見も加え，より多様な有明海産スズキの初期生活史・幼期の生態に迫るとともに，それらの多様性が生じる背景についても検討する．

## §1. 有明海の環境

　有明海は九州西部に位置し，福岡・佐賀・熊本・長崎の 4 県に囲まれた閉鎖性の高い内湾である（図 6・1a）．幅約 5 km の早崎瀬戸において外海（東シナ海）と連絡する．有明海の中でも湾奥部（前の海）は物理環境や生物相において極めて特異な特徴を有し，有明海のスズキ個体群は他海域とは著しく異なる環境あるいは生態系の中で生活していると考えられる．有明海の環境に関する全体像は佐藤[12] に詳しいので，ここではスズキを取りまく有明海湾奥部の環境

---

[*1] 京都大学大学院農学研究科
[*2] 上田　拓：卒業論文，京大農，1994

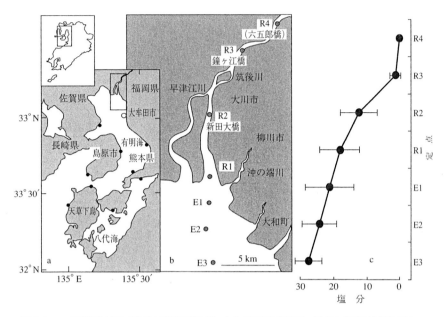

図6・1　a. 有明海全域図（白点：定期調査を行った大牟田市地先干潟，黒点：水平分布調査を行った地点），b. 筑後川河口域における調査定点（E3〜R4），c. 春季（3，4 月）大潮満潮時における筑後川各調査定点での表層塩分（1997〜1999，平均値±SD）

特性を中心に物理的側面と生物的側面の概要を紹介する．

### 1・1　特異な物理的環境

　有明海の潮汐差は日本で最も大きく，湾奥部では春季の大潮時には最大 6 m に達する．本章で中心的に取り扱う筑後川は，流路延長 143 km におよぶ九州最大の河川であり湾奥部へ流入する．河口における上げ潮の最強流時には，水が上流方向へと 2 ノット以上の流速で流れる．したがって，本書で紹介されている他の 2 河川（由良川，四万十川）などとは異なり，河口閉塞が見られず，水の交換が非常に起こりやすい地形になっている．感潮域は約 23 km 上流に設置された筑後大堰までおよび，塩分は春季大潮時で約 16 km 上流まで遡上する[13]．また，河口域の水底には，陸上起源の粘土粒子が水中の栄養塩などと凝集した懸濁粒子が堆積している[13]．これらは激しい潮汐流により攪拌されるため，高濁度な水塊が発達し，潮汐に伴い上流約 16 km から筑後川地先の河口干潟（大潮時）の間を周辺水塊とともに往来している[13]．つまり，大潮最大潮差時には，約 20 km にわ

たり水塊が移動することになる. このような優勢な潮汐流のため, 塩分や水温は鉛直的にはほぼ均質で, ほとんど成層しない強混合型の様相を呈す[5, 13].

　一方, 大牟田市以南や島原市近傍の地先には粒径のやや大きい砂泥質または砂質によって構成される[14]前浜干潟が広がる.

## 1・2　魚類群集にみられる特色

　有明海の生物相において最も特徴的な点は, 大陸沿岸性遺存種と考えられている特産種（日本国内では有明海にしか分布しない種）が多く分布することである[12, 15, 16]. この特産種の仔稚魚の出現は河口域にほぼ限られ, 近傍の前浜干潟汀線にはほとんど出現しないことが示されている[*3]. また, 他海域にも分布するが, 有明海内で生活史が完結し他海域とは孤立した個体群（有明海系群）と考えられる魚類も存在する[16]. 有明海産スズキも遺伝的特異性からこのグループの中に属し, 他にコイチやコウライアカシタビラメなどが属する[16]. これら有明海系群も特産種と同様に, 湾奥部の河口域が幼期の重要な成育場であるとされている[16]. このように有明海に固有な種によって成り立つ種間関係の中で, 有明海のスズキが初期生活史を送ることも日本の他の海域とは異質な点の一つといえる.

## §2.　産卵生態と浮遊期

　有明海におけるスズキの産卵場は, 抱卵・抱精成魚の漁獲状況や浮遊仔魚の採集例などから, 島原市地先沖から湾口部周辺海域と推定されている[1]. 産卵期は, 成熟成魚の漁獲状況より, 湾中央部において11月下旬ごろから始まり, 湾口へ向かうに従い時期が遅くなり3月頃まで続くとされる[1]. また, 河口域で採集された仔稚魚の耳石日周輪による孵化日推定によると, 年によって盛期や開始時期が約1ヶ月程度変わるが, 産卵期間は成魚で推定された11月下旬から2月上旬とほぼ一致した結果が得られている（表6・1）. これは, 有明海以外の海域における産卵期とほぼ同時期である.

　産出された卵や孵化した仔魚の多くは, 後述するスズキ仔稚魚の分布（図6・5）などから湾奥方向へと分散することが予想されるが, 島原市沿岸には湾口向きの恒流の存在が指摘されており[17], この分布状態とは矛盾する. 一方, 湾

---

*3 日比野　学・太田太郎・中山耕至・木下　泉・田中　克：1999年度日本魚類学会講演要旨.

表6·1 各採集年における推定孵化時期と3月河口（R1）加入時の平均体長・日齢

| 採集場所 | 年 | 平均孵化日 | 孵化日の範囲 | 100日齢時の推定体長(mm) | 3月R1出現時の平均体長(mm) | 3月R1出現時の平均日齢 | 引用文献 |
|---|---|---|---|---|---|---|---|
| 筑後川河口 | 1979 | — | — | — | 15.3 | — | Matsumiya et al.[4] |
| 筑後川河口 | 1980 | — | — | — | 14.6 | — | Matsumiya et al.[4] |
| 筑後川河口 | 1981 | 1月5日 | 11月上~2月上 | 18.1 | 16.3 | 83 | Matsumiya et al.[4] |
| 筑後川河口 | 1982 | 12月19日 | — | 18.3 | 16.9 | 89 | Matsumiya et al.[4] |
| 筑後川河口 | 1983 | 1月1日 | — | 18.2 | 14.7 | 74 | Matsumiya et al.[4] |
| 筑後川河口 | 1994 | 1月3日 | 12月上~2月下 | 17.5 | 15.2 | 76 | 松井[*4] |
| 筑後川河口 | 1995 | — | — | — | 15.9 | — | 平井[*5] |
| 筑後川河口 | 1996 | — | — | — | 16.3 | — | 平井[*5] |
| 筑後川河口 | 1997 | 12月16日 | 11月上~1月中 | 17.9 | 16.2 | 89 | 日比野[5)], 太田[*5] |
| 筑後川河口 | 1998 | 1月20日 | 12月中~2月下 | 20.4 | 15.3 | 57 | 日比野[*7], 太田ら[*8] |
| 筑後川河口 | 1999 | — | — | — | 17.1 | — | 日比野[*7] |
| 大牟田干潟 | 1998 | 1月18日 | 12月下~2月中 | 19.7 | — | — | 太田ら[*8] |
| 小長井砕波帯 | 1998 | 1月13日 | 12月中~2月中 | 19.0 | — | — | 日比野[*9] |

——：データなし

*4 松井道彦：卒業論文, 京大農, 1995
*5 平井慈恵：卒業論文, 京大農, 1997
*6 太田太郎：修士論文, 京大農, 1999
*7 日比野 学：修士論文, 京大農, 2000
*8 太田太郎・日比野 学・中山耕至・磯田能年・木下 泉・田中 克：平成12年度日本水産学会春季大会講演要旨集
*9 日比野 学：未発表

東部の熊本県海域には湾奥方向への恒流があり[17]，スズキ仔魚はこれに乗るか，あるいは乗れた個体だけが生残していることが推測される．また，スズキ卵の胚体形成に伴う沈降[18]と，未解明な部分が多い底層流などの鉛直的な要素も輸送過程については考慮すべき課題である[19]．

　有明海産スズキの浮遊期の生態に関しては，卵や孵化仔魚の出現場所や時系列を追った分散状況などを具体的に調べた例はほとんどなく，未解明の部分が多く残されている．

### §3. 筑後川河口域における河川遡上生態

　筑後川河口域では，感潮域の上限（R4）から河口沖 10 km（E3）までに設けられた 7 つの定点（図 6·1b）において，スズキ仔稚魚の採集調査が毎年行われており，集団的に分布域を上流方向へと移行させる河川遡上生態[2-7]が認められている．調査が行われている春季の大潮満潮時の各定点における塩分を図 6·1c に示す．塩分は E3 では 30 前後であるが，上流に向かうに従い低くなる．大潮満潮時の R4 はほぼ淡水と汽水の境界にあたると考えられる．

#### 3·1　河口域における仔稚魚の経時的な移動

　産卵場から湾奥へと輸送された仔魚は 12〜2 月の間は比較的沖合で浮遊生活を送ると考えられる[1]が，3 月上〜中旬になると筑後川河口での採集量は著しく増大する（図 6·2）．おそらく，この時期に仔魚は沖合に分散した状態から比較的生息容積が小さな河口域へと接岸し集合するため，分布密度が増大すると考えられる．孵化時期の早い個体は 3 月以前にも河口域に加入する可能性があるが，実際には毎年 3 月上〜中旬にならないと河口での採集量は増加しない．これは，河口域への加入が単に受動的な集積によるものではなく，能動的に行われていることを意味し，また時期に関わる要因（例えば水温や日長など）が加入の際の引き金になっている可能性も推測される．3 月に河口域へと加入した仔稚魚の採集量は，4 月になるとより上流の定点で増加し（図 6·2），集団的に淡水域を含む感潮域上部へと主分布域が移行する．

#### 3·2　遡上に伴う体長と日齢の変化

　河口域加入直後と考えられる 3 月の R1 における仔稚魚の平均体長および平均日齢は 14.6〜17.1 mm および 57〜89 日齢であり，年によって比較的ばらつ

きがみられる（表 6・1）．これは，産卵盛期から河口域への加入時期（3 月上中旬）までの時間差を反映していると考えられる．

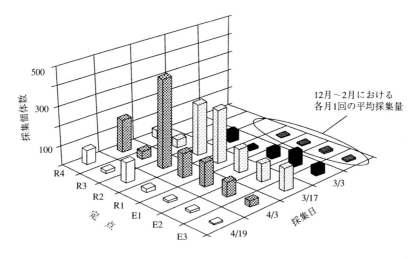

図 6・2　筑後川河口域 7 定点におけるスズキ仔稚魚採集個体数の経時的変化（1998 年 12 月〜1999 年 4 月）（日比野[*7] を改変）

　前節で示した 1999 年と同様に 1997 年においても，採集量の定点別季節変化よりスズキ仔稚魚の分布は上流方向へ移行したことが認められている[5]．この年の体長組成と日齢組成の経時変化を定点別にみると，3 月において，2 調査日間での各定点の体長と日齢の平均値には差がみられず（図 6・3），コホートの入れ換えが起こっていると考えられた．つまり，体長や日齢情報からも，3 月中旬から下旬にかけて遡上していることが支持された．また，定点別の平均体長・日齢はともに上流ほど大きく，特にほぼ淡水域の R4 では，体長約 17 mm（90〜100 日齢）以上の個体が中心に出現する（図 6・3）．他海域でも本種の淡水域への進出は認められているが，多くは当歳魚期以降の摂餌回遊であり，進入時の体長が比較的小さいと考えられる涸沼[20] や中海・宍道湖[21] などでも 60〜100 mm 程度で当海域と比べるとはるかに大型である．以上のように，筑後川において分布の移行が集団的かつ成長や発育に関連して行われる点において，これが偶発的な移行とは異なり，必然的な過程を経る初期生活史の一部とみなされる[22]．

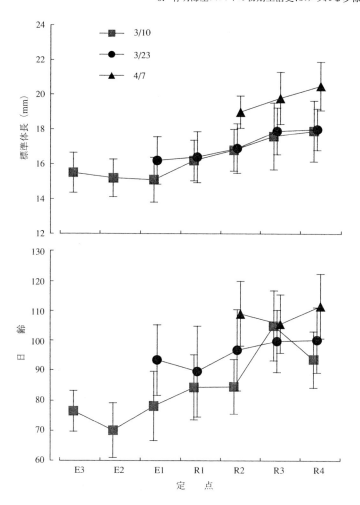

図6・3　筑後川河口域7定点におけるスズキ仔稚魚の平均体長（上段）と平均日齢（下段）の推移（1997年3，4月，平均値±SD）（太田ら[*8]を改変）

### 3・3　溯上に伴う食性の変化と固有な餌環境の存在

　スズキの仔魚期や稚魚の初期の食性はカイアシ類食であるが，当海域では海域（河口沖）から淡水域への生息域の移行に伴い，その摂餌種が顕著に変化する（図6・4）．筑後川河口域では各塩分域においてそれぞれの優占種が帯状に分布しており[5]，スズキ仔稚魚は溯上とともにこれらを摂餌している．主な摂

72

餌種は河口沖から淡水域にかけて，*Paracalanus parvus*, *Oithona davisae*, *Sinocalanus sinensis*, *Cyclopoida* spp. と変化する（図6・4）. これらの中で， *S. sinensis* は特産種（大陸性沿岸遺存種）と考えられており，本邦では有明

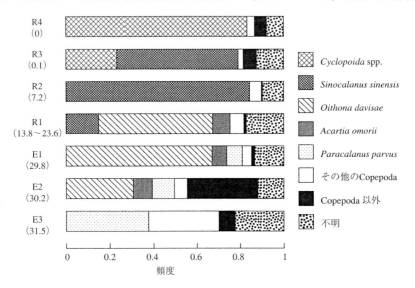

図6・4　筑後川河口域の各定点においてスズキ仔稚魚が摂餌していたカイアシ類種
組成の変化（1997年，括弧内は塩分を示す）（日比野ら [5] を改変）

海の汽水域からのみ報告されている [23]. 本種の詳しい生態的特徴は未解明であるが，前体部長が成体で 1.1～2.1 mm [23] と，内湾性カイアシ類の中では比較的大型であることや，塩分 0.1～17 前後までの河口汽水域の中でも限られた塩分域に集中的に分布し，また，3 月の低水温期においても日本の他の河口域では見られない $10^3$個体 / $m^3$ レベルの高密度を維持している [5] ことなどが明らかにされている. 実際，環境中の餌密度を反映して，本種はスズキ仔稚魚に多量に摂餌されている [5]. このように，筑後川河口の低塩分域には，量・質両面において他海域とは異なる餌環境が存在しているといえる. また，遡上期のスズキの発育段階は仔魚の後期から稚魚の初期にあたり，成魚の消化管の基本型が形成される時期に一致する [7]. 機能的消化管の分化と高密度な餌環境への遭遇が同期することは，きわめて効率的な摂餌を可能にしていると推測され，当河口域における初期生残を評価する上で重要な側面と考えられる. 具体的な関連

についての検討は今後の課題であるが，河川遡上生態が当海域のスズキの初期生活史として定着する上で，他海域にはみられない特異な餌環境の役割は大きいと推測される.

### §4．全ての個体が河川を遡上するのか？－干潟汀線域の採集を例に－

　これまでは，筑後川河口域に出現するスズキ仔稚魚の河川遡上生態が，有明海産スズキの初期生活史を特徴づける上で極めて重要な生態的側面であることを述べてきた．ここからはこの河川遡上性に加え，非河川遡上性やその意味についても併せて検討し，有明海に生息するスズキのより多様な初期生活史に迫りたい.

　すべての有明海産スズキ仔稚魚が河川を遡上するのか？この疑問が生じる背景の一つには，これまで有明海において河口域以外の生息域における仔稚魚（スズキに限らず）の出現や生態がほとんど未解明であったことがあげられる．一方，筑後川河口域においても，Matsumiya ら[3] は淡水域に移入せず汽水域に残留する群の存在を示唆している．また，耳石中の微量元素比（Sr/Ca）より淡水域には移入していない個体の存在も示されている[24]．これらの知見は全ての個体が必ずしも河川淡水域へと遡上していないことを示唆している．この非淡水遡上群の存在を検討することは，有明海産スズキの初期生活史における河川遡上の位置づけを行う上で重要であると同時に，初期生活史の多様な実態やそれを生起させる要因を解明する上で不可避な課題であると考えられる．このような背景から，筆者らは 1998 年より有明海の前浜干潟における仔稚魚調査を開始した.

　継続的な調査は，福岡県大牟田市地先の干潟において（図 6・1a），小型曳網を用いて行った．この大牟田市地先の干潟は，砂泥質の底質で[14]，潮位を問わず塩分は約 30 前後で安定している[*10] ことなどから，河口域に形成される河口干潟とは性質が異なり，前浜干潟的な特徴をもつと考えられる[*7]．併せて，有明海 8 地点と八代海 2 地点（図 6・1a）の砕波帯において小型曳網による採集を行い，スズキ仔稚魚の水平分布を調査した.

### 4・1　有明海全域における仔稚魚の分布

　各地点における調査の結果，スズキ仔稚魚は湾奥から湾央の干潟汀線で採集

---

*10　日比野　学：未発表

され，一方，湾口周辺では，ヒラスズキ仔稚魚が出現した（図6・5）[*11]．四万十川河口では，スズキとヒラスズキはほぼ同所的に採集される[25]のに対し，当海域では明確に分布域が分かれた．また，筑後川以外の河川河口域では，福岡県矢部川[26]，熊本県緑川[4]，佐賀県六角川[4]，塩田川[*10]などでスズキの採集例があり，有明海においてスズキ仔稚魚は湾奥から湾中央の広範囲に分布し，かつ河川河口域と干潟汀線域の両生息域に分布すると推測される．

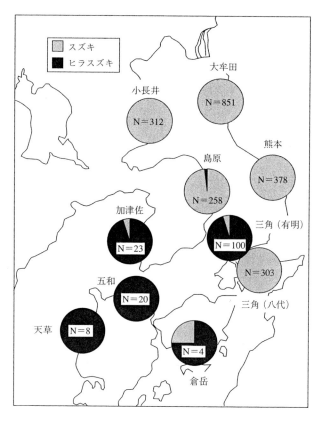

図6・5　有明海におけるスズキおよびヒラスズキ仔稚魚の水平分布（データは1998，99年3，4月に出現した個体数の合計の比を示す）（日比野ら[*11]を改変）

[*11] 日比野　学・太田太郎・中山耕至・礒田能年・木下　泉・田中　克：平成12年度日本水産学会春季大会講演要旨集

## 4・2　干潟汀線域の成育場としての利用*7

　大牟田干潟における調査では，年により採集量に差はみられるものの，毎年かなりの尾数が採集され，スズキ仔稚魚は干潟汀線域に普遍的に出現するものと考えられた．干潟汀線域での出現量が著しく増加するのは 3 月中旬から 4 月にかけてであり（図 6・6），この時期が汀線域への加入時期の中心と考えられる．また，この時期は，筑後川河口域において仔稚魚の分布域が上流方向へ移行する時期に一致する．さらに，干潟汀線域で採集される個体の平均体長は同時期に河口域で採集される個体の体長に一致し，かつ経時的に増加傾向が認められることなどから（図 6・6），当干潟域に比較的長期に渡って滞在すると推測された．すなわち，大牟田干潟汀線域に出現したスズキ仔稚魚は，河口域へ加入する前に一時的に来遊したものではなく，干潟汀線域を主な成育場として利用している可能性が高いと考えられる．

　これらの結果は，有明海産スズキには非河川遡上群が存在することを具体的に示したものであり，全ての個体が淡水域に遡上するわけではないことを裏付けている．干潟汀線域も河口域と同様に有明海のスズキ幼期の成育場として重要な役割を担っていることが示唆された．

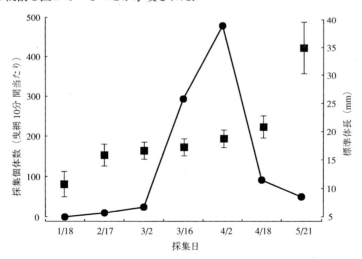

図6・6　1999 年の大牟田地先干潟汀線域におけるスズキ仔稚魚の採集量（CPUE：折れ線）と平均体長（±SD）の経時的変化（採集量は曳網時間 10 分当たりの採集個体数で示す）（日比野*7 を改変）

　この干潟には河口域で出現した餌生物 *S. sinensis* は分布せず，仔稚魚は *P. parvus*, *O. davisae* などの日本の内湾域に普通に分布するカイアシ類を摂餌していた[*7]．また，仔稚魚相も河口域とは異なる[*3] など，河口域と干潟域では異なる生態系が形成されていると考えられる．この点は，有明海産スズキの初期生活史に多様性を生み出す生態的背景であると同時に，各生息域に加入した仔稚魚に異なる選択圧がかかる可能性を示唆している．

### §5. 生活史の多様性を生み出す背景と今後の課題

　有明海産スズキの仔稚魚期における生息場所は，浮遊生活の後に分かれ，一群は河口域に加入するのに対し，他方は干潟汀線域に加入する（図6·7）．また，河口域に加入した群の中には，河川を遡上し淡水域に移入したり，一部は汽水域に残留する[3] など，多様な生活史形態が存在する．

　同一海域産のスズキにおいて異なる初期成育場を利用する例は，有明海以外の海域でも認められているが[27]，成育環境が特異であり，個体群の遺伝的背景が異質な有明海の場合には，生活史形態に多様性を生み出す機構は他海域と異

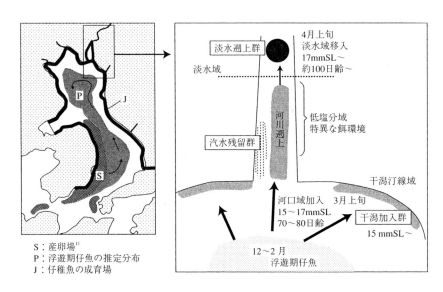

S：産卵場[1]
P：浮遊期仔魚の推定分布
J：仔稚魚の成育場

図6·7　有明海産スズキ初期生活史の推定模式図（左：産卵場からの分散過程および仔稚魚の分布域，右：各成育場への加入時期とサイズ）

なる可能性も考えられる．有明海産スズキは日本産スズキと中国産スズキの交雑由来の個体群であり[9-11]，中国産スズキはより低塩分耐性が高いことが飼育実験により確かめられている[28]．こうした親種の生理的性質に関連した遺伝子を含む遺伝的特徴がこの交雑由来個体群に継承され，早期に低塩分域や淡水域へと進入しえる背景ではないかと推定される．もう一つの河川遡上生態の背景として，低塩分域の特異な餌生物環境があげられる．低塩分域における豊富な餌生物の存在は，河川遡上を適応的な生態として成り立たせ，生活史として定着させる上で重要な役割を果たしている可能性が考えられる．

　一方，有明海の干潟域に加入する群も交雑由来の個体群であるが，遺伝子組成は淡水域のものとはやや異なり，より日本産スズキ型に近い個体が多い[11]．他海域の日本産スズキ仔稚魚において，干潟域への出現は瀬戸内海[27, 29]や東京湾[30]でも認められている．干潟汀線域の成育場としての利用は，交雑由来個体群を含むスズキという種に共通した初期生態の一部なのかもしれない．

　前述したように，有明海においてスズキ仔稚魚は，初期成育場ごとに異なった選択圧を受ける可能性を秘めており，このことがその後の再生産過程や雑種由来個体群の維持にどのように貢献しているかが重要な問題となる．現時点では，淡水域ならびに海域の干潟汀線域の環境にはそれぞれ適応的な利点があり，そのことによって遺伝的側面を含む多様性が維持されていると推測できるのみである．これらの点については，本書第 11 章で部分的に考察されているが，生態的な要素を含めた総合的な検討は今後の大きな課題である．

　これらの点を究明するためには，それぞれの成育場の環境特性とスズキの生態をより詳細に明らかにすることが不可欠の前提となる．特に，遡上後の淡水域での生態や生残りは早急に解明すべき課題である．その上で，各環境が個体に与える影響（成長や発育過程など）やそれぞれの生息域を経験した個体が再生産にどのように寄与しているかを遺伝的な見地も含めて検討することが必要と考えられる．

## 文　献

1 ) 西日本海域栽培漁業事業化推進協議会：東シナ海・有明海栽培漁業資源生態調査とりまとめ報告書 B 有明海海域編，64-96（1973）．

2 ) 松宮義晴・上之薗修一・田中　克・代田昭彦・山下輝昌：水産海洋研究会報，**38**，6-13（1981）.

3 ) Y. Matsumiya, T. Mitani, and M. Tanaka: *Nippon Suisan Gakkaishi*, **48**, 129-138 (1982).

4 ) Y. Matsumiya, H. Masumoto, and M. Tanaka : *Nippon Suisan Gakkaishi*, **51**, 1955-1961 (1985).

5 ) 日比野学・上田拓史・田中　克：日水誌，**65**，1062-1068（1999）.

6 ) 松宮義晴・田中　克：海洋と生物，**34**，348-354（1984）.

7 ) 田中　克・松宮義晴：栽培技研，**11**，49-65（1982）.

8 ) I. Kinoshita, S. Fujita, I. Takahashi, K. Azuma, T. Noichi, and M. Tanaka :*Japan. J. Ichthyol.*, **42**, 165-171（1995）.

9 ) K. Yokogawa, N. Taniguchi, and S. Seki : *Ichthyol. Res.*, **44**, 51-60（1997）.

10) 中山耕至：有明海産スズキ個体群の起源に関する分子遺伝学的研究，京都大学農学研究科，博士論文，2000，96pp.

11) 中山耕至：有明海個体群の内部構造，スズキと生物多様性－水産資源生物学の新展開（田中　克，木下　泉編），恒星社厚生閣，2002．pp.127-139.

12) 佐藤正典・田北　徹：有明海の生物相と環境，有明海の生き物たち（佐藤正典編），海游舎，2000，pp.10-35.

13) 代田昭彦・田中勝久：西水研研報，**56**，27-38（1981）.

14) 鎌田泰彦：月刊海洋科学，**12**，88-96（1980）.

15) 内田恵太郎・塚原　博：日本生物地理学会会報，**16-19**，292-302（1955）.

16) 田北　徹：魚類，有明海の生き物たち（佐藤正典編），海游舎，2000，pp.213-252.

17) 井上尚文：月刊海洋科学，**12**，116-126

18) 水戸　敏：九大農学芸雑誌，**16**，115-124（1957）.

19) 大美晴昭：若狭湾由良川河口域における仔稚魚の生態，スズキと生物多様性－水産資源生物学の新展開（田中　克・木下　泉編），恒星社厚生閣，2002．pp.44-53.

20) 高瀬英臣：茨城水試研報，**24**，105-108（1982）.

21) 島根県水産試験場：スズキの種苗生産技術研究報告書，1964，14pp.

22) 田中　克：川を遡る有明海のスズキ稚魚，稚魚の自然史（千田哲資・南　卓志・木下　泉編），北海道大学図書刊行会，2001，pp.210-221.

23) J. Hiromi and H. Ueda : *Proc. Jap. Soc. Sys. Zool.*, **35**, 19-26（1987）.

24) 太田太郎：耳石による回遊履歴追跡，スズキと生物多様性－水産資源生物学の新展開（田中　克・木下　泉編），恒星社厚生閣，2002．pp.91-102.

25) S. Fujita, I. Kinoshita, I. Takahashi, and K. Azuma : *Japan. J. Ichthyol.*, **35**, 365-370（1988）.

26) 塚原　博：九大農学芸雑誌，**13**，289-293（1950）.

27) 木下　泉：初期生活史の多様性，スズキと生物多様性－水産資源生物学の新展開（田中　克・木下　泉編），恒星社厚生閣，2002．pp.79-90.

28) 平井慈恵：浸透圧調節生理，スズキと生物多様性－水産資源生物学の新展開（田中　克・木下　泉編），恒星社厚生閣，2002．pp.103-113.

29) 松井誠一・林　功・上城義信・中島　均・塚原　博：昭和53年度福岡豊前水試報，94-111（1987）.

30) 加納光樹・小池　哲・河野　博：魚類学雑誌，**47**，115-129（2000）.

# 7. 初期生活史の多様性

木 下 　 泉[*1]

　スズキは，本邦では北海道南部以南の本州・四国・九州の各地沿岸に広く分布し[1]，その分布域はヒラメと類似している．初期生活史に関する研究は古くから各地で行われてきた．地着き性が強いといわれているにも関わらず，産卵はいずれの地域においても，ある程度沖合で晩秋から冬にかけて行われている[2]．この産卵期の地域間の共通性は，アユと同様に，本種の産卵が水温ではなく日長時間に左右されていることを示している．ところが，産卵生態の地域間での共通性がある一方，田中・松宮[3]が示したように，採集方法が様々なため一概にはいえないにしても，仔稚魚の生息域の地域間での相違があることが窺われる．さらに，本書第4～6章[4-6]でそれぞれ詳述された筑後川河口域，四万十川河口域，若狭湾由良川河口域を加えると，本種の成育場は多岐にわたっており，他の沿岸魚では余り例を見ない．特に，筑後川河口域の流心域における成育場は注目に値する．このスズキにおける多様な成育場の生態的意義を本章では考えて行きたい．

## §1. 成育場の多様性

　各地の本種の成育場をそれらの環境特性により類型分けをした（表7・1）．まず，本種の成育場は砂浜海岸および河口域・内湾域の2つに大きく分けることができる．さらに，砂浜域は浅海域および汀線付近とに，河口域・内湾域は干潟域，アマモ場そして河川流心域とに分けることができよう．

　ここで注目されるのは，同じ地域内でも複数型の成育場がみられることである．すなわち，鹿島灘での浅海域，汀線付近と干潟域，若狭湾での浅海域と汀線付近，瀬戸内海・三河湾での干潟域とアマモ場，および有明海での干潟域と河川流心域での出現である．

[*1] 高知大学海洋生物教育研究センター

表7・1　スズキ稚魚が頻繁に採集された地域の成育場環境特性による類型分け

| 砂浜域 | | 河口域・内湾域 | | |
|---|---|---|---|---|
| 浅海域 | 汀線付近（砕波帯） | 干潟域 | アマモ場 | 河川流心域 |
| 鹿島灘 [7] | 響灘 [9] | 八代海 [12] | 豊前海 [20] | 有明海 [30] |
| 若狭湾 [8] | 土佐湾 [10] | 有明海 [13] | 四万十川 [21] | |
| | 和歌山沿岸 [*1] | 長崎・大瀬戸 [12] | 瀬戸内海各地 [22-25] | |
| | 大阪湾 [11] | 高知・浦ノ内湾 [12] | 阿蘇海 [26] | |
| | 兵庫・日本海沿岸 [12] | 愛媛・岩松川 [14] | 三河湾 [27] | |
| | 若狭湾 [8] | 兵庫・千種川 [*1] | 松島湾 [28] | |
| | 相模湾 [*2] | 木曾川 [12] | 宮城・万石浦 [29] | |
| | 鹿島灘 [9] | 三河湾 [15] | | |
| | | 東京湾各地 [16-18] | | |
| | | 茨城・涸沼 [19] | | |

*1　筆者らの未発表データ
*2　伊東宏・望岡典隆・谷津明彦：材木海岸に集まる稚魚に就いて，芝高等学校，1973，ii+35 pp.

## 1・1　浅海域―汀線付近―内湾干潟域

　これは発育・成長に伴う移動の反映と考えられる．鹿島灘では，まず汀線付近まで接岸回遊し短期間生息した後，または沖合から直接涸沼などの内湾域に進入し，干潟域に着底して，成長した後，内湾域を出て浅海域へと分散するのであろう．一方，若狭湾の由良川河口沖ではそれとは逆に，沖合から接岸回遊し，水深5〜10 m 付近の近底層に稚魚期の直前まで分布し，汀線付近にはほぼ稚魚期で出現する [8]．多くのスズキ稚魚の汀線付近での出現は，同じ日本海に面する山口県 [9] と兵庫県 [12] においてもみられる．しかし，土佐湾・和歌山県・鹿島灘ではスズキ仔稚魚の出現はそれほど多くなく，むしろヒラスズキの方が主である [9, 10, 31]．また，これら太平洋側の汀線付近での出現サイズは由良川河口沖でのサイズとほぼ同様であり（図7・1，7・2），沖合からの接岸時に水深5〜10 m の近底層を経由せずに，直接汀線付近に来遊することを意味している．この日本海側と太平洋側との違いが生じる原因は現在のところ不明であるが，日本海側での潮位差がほとんどないことと関係するのであろう．

## 1・2　干潟域―アマモ場

　このことは，四万十川・阿蘇海・万石浦を除いては，いずれもかなり古い時期に行われた調査結果であることに関係しているのかもしれない．すなわち，瀬戸内海・三河湾のスズキ仔稚魚もかってはアマモ場を主要な成育場としてい

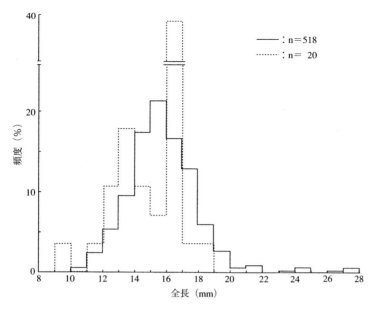

図7・1　1981〜1983　年に土佐湾の汀線付近（砕波帯）に出現したスズキ（破線）と
　　　　ヒラスズキ（実線）の全長組成（標準体長は計測されていない）

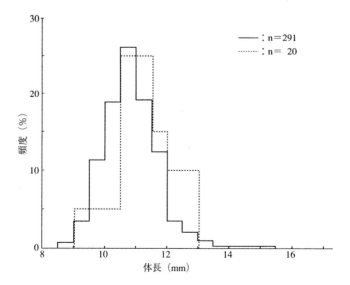

図7・2　2000 年 1〜3 月に和歌山県沿岸の汀線付近に出現したスズキ（破線）
　　　　とヒラスズキ（実線）の体長組成

たが，その大部分が消失してしまった今日その代替として干潟域を利用している可能性がある．事実，アマモ場・干潟域を同所的に併せもつ，もしくはもっていた豊前海・四万十川河口域・三河湾・万石浦では，本種仔稚魚はよりアマモ場に集積する傾向が強い[20, 21, 27, 29]．すなわち，本来の成育場はアマモ場であるが，それが仮になくても干潟域でも十分生活できる柔軟性をもっているのかもしれない．

### 1・3　干潟域―河川流心域

これは前二者とは次元の違うものを内包していると考えられる．筑後川河口域で採集されるスズキ仔稚魚は他海域のものに比べて，明らかに黒色素胞の分布が淡く（図7・3），脊椎骨数が少ない[12]．この特徴は同じ有明海の干潟域に出現するスズキ仔稚魚にも見られ，現在のところ両者間に異質なものは見出されていない[6]．さらに，両生息圏での発育段階はほぼ一致している[6]．すなわち，有明海産のスズキには干潟域または河川内の 2 タイプの成育場が存在することになる．

筆者は有明海での本種資源を量的に支える成育場は，広大な干潟域と河川域の規模を比べた場合，前者と考えたい．すなわち，接岸してきた仔稚魚の多くは干潟域に着底するが，接岸回遊してきた中で，運のいい（悪い？）個体が有明海特有の干満差がもたらす凄まじい遡流により河川内に吸込まれているのではないか．他地域では河口域などで決して姿を見せないメバル・イカナゴ仔稚魚の河川内での出現も有明海での幼期回遊の特異性を示している．しかし質的にはどうかと考えると問題は別である．すなわち，有明海の優良なスズキ個体群を河川遡上群が支えている可能性もある．

一方，干潟着底群と河川遡上群が別々の個体群由来という仮説もある．中国産スズキの遺伝的影響の強い群が河川へ遡上し，弱い群が干潟域に着底する可能性が DNA 分析から指摘されながら最新の分析でそれもやや曖昧になってきているという[32]．しかしながら，次の 2 つの生態学的見地からこの中山説も全く可能性がないとはいえない．

まず，スズキと同じように干潟域に出現し広塩性であるシラウオ・クロダイ・キチヌの仔稚魚は河川汽水域には全くもしくはほとんど姿を見せない[13], *2．こ

---

*2 日比野　学・太田太郎・中山耕至・木下　泉・田中　克：1999 年度日本魚類学会講演要旨．

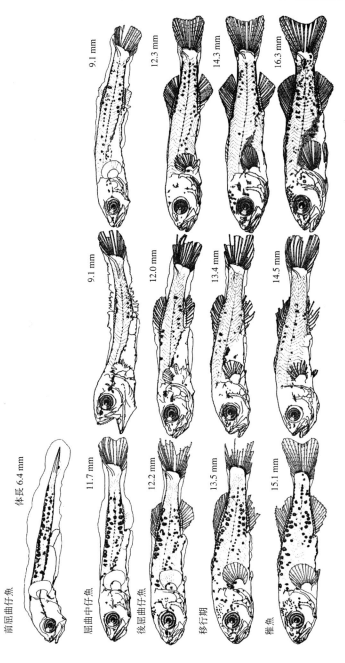

図7・3 スズキ属仔稚魚の形態比較. A, 四万十川産スズキ[31]; B, 土佐湾産ヒラスズキ[31]; C, 筑後川産スズキ（筑後川以外の他地域のスズキと形態的にほぼ一致）[12].

A
前屈曲仔魚 体長 6.4 mm
屈曲中仔魚 11.7 mm
後屈曲仔魚 12.2 mm
移行期 13.5 mm
稚魚 15.1 mm

B
9.1 mm
12.0 mm
13.4 mm
14.5 mm

C
9.1 mm
12.3 mm
14.3 mm
16.3 mm

のことは，一見，河川内に受動的に吸込まれているように見えるスズキ仔稚魚が何らかの選択輸送により能動的に河川に進入している可能性を示している．

逆に，アリアケヒメシラウオ・ヤマノカミ・ハゼクチ・ワラスボ・ムツゴロウなどの有明海特産種の仔稚魚は河川汽水域には頻繁に出現しても，干潟域にはほとんど，もしくは全く出現しない [13]．このことは，特産種らは成育場を干潟域ではなく，河川汽水域に委ねていることを示唆し，さらには河川に遡上するスズキの特有性を暗示しているのかもしれない．

仮に中山説が正しいとすれば，中国産スズキ仔稚魚の多くは河川遡上をしなければならない．そこで，渤海のスズキ幼期の分布 [33] を見ると，卵は 8 月下旬から 10 月末まで水温 17〜22℃，塩分 28〜30 の水深 10 m 前後の沿岸表層に分布している．日本産と比べると，産卵期は 2〜3ヶ月ほど早いが，出現水温は南日本とほぼ一致する．ところが，翌年 4 月の水温 9〜12℃，塩分 29〜30 の同水域表層には，筑後川汽水域とほぼ同サイズのスズキ仔稚魚（体長約 13〜20 mm，平均 16.4 mm）が多数分布しているのである[*3]．体長 16 mm 以上での浮遊生活は筑後川と一致するが，塩分 30 前後の海域での分布は中山説と真っ向から対立する．しかし，これらは一部の残留群で主群は河川に進入している可能性もあり，渤海に流入する河川内での情報がない現在，明確な結論は下せない．

いずれにしても，有明海での成育場の問題は，有明海産スズキの種分化と大きく関わっていることは間違いない．今後，中国・韓国におけるスズキの成育場と比較検討しながら，研究の進展が望まれる．

## §2. 成育場への加入

### 2・1　低塩分への選好性

スズキ仔稚魚が成育場としてのアマモ場への強い依存性を示すことは前述したとおりであるが，全てのアマモ場に多い訳ではない．本邦で現在まで行われたアマモ場での主な魚類調査を俯瞰してみると，高鹹性のアマモ場にはほとんど出現しておらず，低鹹性すなわち陸水の影響を受けるアマモ場に集積している

---

[*3] 黄河からの濁水によるネット・アボイダンスの軽減を差引いても，この調査で使用された網口 0.5×1 m のネットを考えると，渤海での凄まじいスズキ仔稚魚の分布量が想像できる

ことは一目瞭然である（表7・2）．コアマモ *Zostera japonica* は汽水域に繁茂するのに対して，アマモ *Z. marina* は頻繁に低鹹化する水域には成育しない[40]．すなわち，スズキはアマモ場の中でもコアマモ群落を主に成育場としていると考えられる．さらに，葉幅はアマモの 7〜12 mm に比べてコアマモは 2〜3 mm [41] とかなり狭い．この幅長はアマモ場に加入直後のスズキ仔稚魚の体高にほぼ等しく，もし葉の間隙に潜むのならば，シェルターとして重要な要素なのかもしれない．

表7・2　各地のアマモ場でのスズキ仔稚魚の出現状況と環境塩分との関係

| 塩分 | スズキ仔稚魚 | | |
|---|---|---|---|
| | 全く出現せず | 少数出現 | 多数出現 |
| 高 | 平戸・志々伎湾[34] 天草・富岡湾[35] 山口・油谷湾[36] 七尾湾[37] 英虞湾[38] 伊豆半島[39] * | 山口・秋穂湾[23] | |
| 中 | 伊勢湾[27] | 小郡湾[23] 阿蘇海[26] * 万石浦[29] | 笠岡湾[25] * 岡山・寄島[22] 岡山・大畠[22] 岡山・牛窓[22] 松島湾[28] * |
| 低 | | | 豊前海[20] * 四万十川[21] 三原湾[24] 三河湾[27] |

＊　出典に塩分の記録がなく，塩分の高低は地勢から推測

　一方，千種川河口域でのアマモ場のない干潟域では，スズキ稚魚は体長 17 mm 前後で加入し始め，体長の増加に伴い徐々に上流の低塩分の水域に移動して行く傾向が窺われる（図 7・4）．これは，成長に従い低塩分への選好性が強くなることを示している．

　最近行われた大阪湾の大和川河口域の調査によると，アマモ場も干潟域もないにも関わらず，低塩分の水域に体長 20 mm 前後のスズキ稚魚が加入し，100 mm を超えるまでそこで生活している[42]．このことは，アマモ場もしくは干潟域の存在は十分条件であって，河口が隣接し低塩分の水域ならば成育場は形成され得るというスズキの柔軟性を示している．

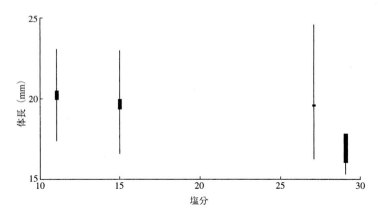

図7・4　1999 年 2～3 月に兵庫県千種川河口域の干潟域で採集されたスズキ仔稚魚の
　　　　環境塩分毎の体長．細棒は体長範囲，太棒はその平均値±S.E.を示す

## 2・2　河口域

　有明海では，河口域・干潟域とも，スズキは体長 16 mm 前後の仔魚から稚
魚への移行期で加入してくる [6]．このサイズと発育段階は四万十川でのアマモ
場への加入群 [21] とほぼ一致するが，四万十川河口域の流心部では体長 3 mm 前
後の卵黄嚢期から前屈曲期の仔魚とスズキ属の卵が少なからず出現している [43]．
筑後川河口域では河口沖でもこれらの発育段階のものは採集されない．この両
者の違いは，おそらく産卵場までの距離に起因していると思われる．有明海や
東京湾などの内湾域では，産卵場は湾奥の成育場から遠く離れた湾口部あるい
はそれに近い海域で形成されているが [6, 44]，比較的開放的な若狭湾では，由良
川河口からわずか 15 km 前後の沖合で産卵されている（筆者らの未発表デー
タ）．このことから，若狭湾より開放的な土佐湾でも，近い離岸距離でのスズ
キの産卵が予想される．

　四万十川河口域にごく初期の段階で入ってきたスズキは，潮の上げ・下げに
漂いながら成長し，移行期に達してアマモ場へ加入するものと思われる．では，
筑後川ではどうであろう？筑後川河口部とそこから13 km上流の地点における
稚魚ネットによる層別連続採集の結果を図7・5 に示す．朝 7 時過ぎの上げ潮と
ともに河口に表層を通じて進入したスズキ仔稚魚のパッチは 3 時間後には上流
の地点に到達していることが分る．この時，密度は中層に分散する傾向が窺え

る．さらに，3 時間後の下げ潮時にはパッチが再び河口部の中・底層に出現する．このことは，川に入った仔稚魚のかなりの部分は，一気に淡水域へと達するのではなくて，上げ・下げ潮の流れにしたがって下流部を往来していることを示している．また，その間，分布層が中・底層に移ったことは，淡水域まで達せず途中の河岸浅所などに留まる群もあることを暗示しているかもしれない．

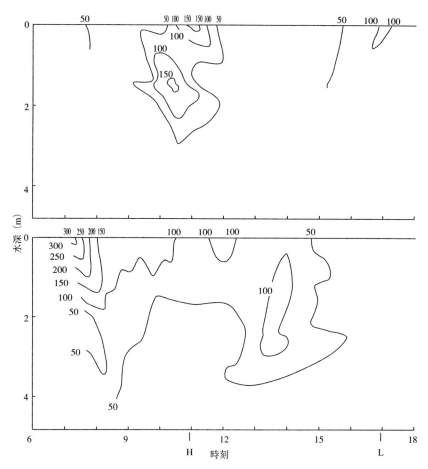

図7・5　1999 年 3 月，筑後川河口域でのスズキ仔稚魚の水平・鉛直的移動の経時変化[*4].
　　　　上段：定点 R3 (河口から13 km上流)，下段：定点 R1 (河口部) [6]. 等高線の数
　　　　値は尾数 / 1,000 m³. H・L はそれぞれ満・干潮時刻.

[*4] 太田太郎・日比野　学・田中　克・木下　泉：未発表データより

いずれにしても，河川内に進入した仔稚魚の成育場への加入過程に関する詳細な調査研究が今後，望まれる.

### 2・3　砂浜海岸汀線付近

太平洋側の汀線付近では，スズキよりもヒラスズキが多く分布することは前述したとおりである（図7・1，7・2）．一方，四万十川河口域では，両者の量的な関係は逆転している[21].

四万十川河口域での早期仔魚の出現から，太平洋側では，仔魚の大部分は汀線に立ち寄ることなく，直接内湾・河口内に入ってきていることが推測される．しかしながら，日本海側では多くのスズキ仔稚魚が汀線付近に出現する．この対比にはヒラスズキの地理的分布が関与しているのかもしれない．南日本でのヒラスズキ仔稚魚（図7・3）の出現期はスズキと全く同じで，汀線付近を一時的な成育場としている[6, 11, 31, 43].　すなわち，これら近縁種は競合を避けるため，棲み分けを行っているのではないだろうか．事実，スズキが汀線付近に多く分布する日本海ではヒラスズキの資源量は極端に少ない．ただし，太平洋に近い大阪湾の汀線付近では，ヒラスズキよりもスズキの方が多く出現している[11].しかし，これは大阪湾で調査された汀線が河口域の浅所に近い環境であったことによると思われる.

いずれにしても，過去のスズキ仔稚魚に関する報告にはヒラスズキ仔稚魚の混入の可能性があることも考慮すると，改めて両者の初期生活史の詳細な比較検討が必要であろう.

これまでスズキの成育場の多様性について述べてきたが，その中で陸水の影響という共通要素が存在することが見えてきた．すなわち，スズキ仔稚魚と淡水とは切っても切り離せない関係にあり，彼らの地着き性の強さがよく理解できる．一方，成魚にしても我々が認識している以上に淡水域と深い関わりがあるようで[45]，河川に遡上することはかなり必然性に近いような気がする．実は，少なくとも室町時代まで琵琶湖にスズキが生息していたふしがあり，恐らく大阪湾から遡ってきたものであろうが今では瀬田川のダムがそれを阻害していることが示唆されている[46].　もし，このことが事実とすれば，スズキの本性は単なる広塩性ではなく，限りなくcatadromousに近いのかもしれない．近代社会

では沿岸・河川の開発などがそれを阻んではいるが，スズキの持前の柔軟性によって，地域ごとに多様性のある生活史を作り上げているのかもしれない．それ故，広い分布域を獲得し得たのではないか．

　最近，高知市の中心を流れる鏡川に極めて濃いコアマモ群落が豊富にあることを発見した．かっては全国の都市河川の河口付近には普通に見られたと思われるが，河口の浚渫などで現在ではほとんど姿を消してしまったと考えられる．したがって，人口約 30 万の県庁所在地でのコアマモ群落例は稀有で貴重な存在といってよく，土佐湾中央部でのスズキの生活環の重要な一弧を担っていることは間違いない．

## 文　献

1 ) 中坊徹次：スズキ科，日本動物大百科 6 魚類（中坊徹次・望月賢二編），平凡社，1998，pp.102-103，107.

2 ) 松岡玳良・松永　繁・長谷川　泉：日本産魚類の産卵期・日本産魚類産卵期補遺，瀬戸内海栽培漁業協会，1975，69pp.

3 ) 田中　克・松宮義晴：栽培技研，11，49-65（1982）.

4 ) 大美博昭：若狭湾由良川河口域における仔稚魚の生態，スズキと生物多様性−水産資源生物学の新展開（田中　克・木下　泉編），恒星社厚生閣，2002，pp.44-53.

5 ) 藤田真二：土佐湾四万十川河口域における仔稚魚の生態，スズキと生物多様性−水産資源生物学の新展開（田中　克・木下　泉編），恒星社厚生閣，2002，pp.54-64.

6 ) 日比野　学：有明海産スズキの初期生活史にみられる多様性，スズキと生物多様性−水産資源生物学の新展開（田中　克・木下泉編），恒星社厚生閣，2002，pp.65-78.

7 ) A. Okata, K. Ishikawa, and K. Kosai : *Rapp. P.-v. Réun. Cons. int. Explor. Mer*, 178，361-363（1981）.

8 ) 大美博昭・木下　泉・上野正博・田中　克：魚雑（投稿中）.

9 ) 須田有輔・五明美智男：水産工学研究収録，1，39-52（1995）.

10) 木下　泉：*Bull. Mar. Sci. Fish. Kochi Univ.*, 13，21-99（1993）.

11) 辻野耕實・安部恒之・日下部敬之：大阪水試研報，9，11-32（1995）.

12) I. Kinoshita, S. Fujita, I. Takahashi, K. Azuma, T. Noichi, and M. Tanaka : *Jpn. J. Ichthyol.*, 42，165-171（1995）.

13) 日比野　学・太田太郎・木下　泉・田中　克：魚雑（投稿中）.

14) 辻　幸一：宇和島東高校研究紀要，12，48-59（1986）.

15) 藤崎洸右・竹本軍次・田代秀明：魚類再生産過程における潮間帯周辺海域の機能−干潟域への出現種動向と，スズキの食性について−，潮間帯周辺海域における浄化機能と生物生産に関する研究 昭和 58 年度研究成果報告書，東水研・南西水研，1984，pp.129-145.

16) 岩田明久・酒井敬一・細谷誠一：横浜市沿岸域における環境変化と魚類相，公害資料，82，横浜市公害対策局，1979，iv+245pp.

17) 辻　幸一・竹内博治・風呂田利夫：千葉生物誌，32，59-65（1983）.

18) 加納光樹・小池　哲・河野　博：魚雑，47，115-129（2000）.

19) 高橋英臣：茨城水試研報，24，105-108（1982）.

20) 福岡県豊前水産試験場：幼稚仔成育場造成に関する研究 第2報（昭和38年度指定試験研究報告），1964，21pp.

21) S. Fujita, I. Kinoshita, I. Takahashi, and K. Azuma：*Jpn. J. Ichthyol.*, **35**, 365-370 (1988).

22) 岡山県水産試験場：大正11年度藻場魚類生育状況調査報告，**1**，1924，34pp.，3表，図1-4.

23) 宇都宮正：山口内海水試研究業績，**6**，25-30 (1954).

24) 北森良之助・永田樹三・小林真一：内水研報，**12**，187-199 (1959).

25) 布施慎一郎：生理生態，**11**，1-22 (1962).

26) 中津川俊雄：京都海セ研報，**4**，68-73 (1980).

27) 大島泰雄：藻場と稚魚の繁殖保護について，水産学の概観（日本水産学会編），日本学術振興会，1954，pp.128-181.

28) 畑中正吉・飯塚景記：日水誌，**28**，155-161 (1962).

29) 座間彰：万石浦に出現する魚類の生態学的研究，私費出版，1999，505pp., pls. 1-88.

30) 松宮義晴・上之園修一・田中克・代田昭彦・山下輝昌：水産海洋研究，**38**，6-13 (1981).

31) I. Kinoshita and S. Fujita：*Jpn. J. Ichthyol.*, **34**, 468-475 (1988).

32) 中山耕至：有明海個体群の内部構造，スズキと生物多様性－水産資源生物学の新展開（田中克・木下泉編），恒星社厚生閣，

2002，pp.127-139.

33) W. Guangzong, Y. Donglai, and P. Hongyan：海洋科学，**6**，40-45 (1983)（中国語）.

34) 中坊徹次：西水研報，**59**，47-70 (1983).

35) T. Kikuchi：*Publ. Amakusa Mar. Biol. Lab.*, **1**, 1-106 (1966).

36) 森慶一郎：中央水研報，**7**，277-388 (1995).

37) 中谷栄・永田房雄・河本孝治・浜岡正治・森義信：石川増試資料，**16**，1-101 (1979).

38) 木村清志・中村行延・有瀧真人・木村文子・森浩一郎・鈴木清：三重大水研報，**10**，71-93 (1983).

39) 小池啓一・西脇三郎：魚雑，**24**，182-192 (1977).

40) 新崎盛敏：日水誌，**15**，567-572 (1950).

41) 新崎盛敏：同誌，**16**，70-76 (1950).

42) 大美博昭・鍋島靖信・日下部敬之：大阪水試研報，**13**，61-72 (2001).

43) 藤田真二：四万十川河口域におけるスズキ属，ヘダイ亜科仔稚魚の生態学的研究，博士論文，九大，1994，iii+141pp.

44) 渡部泰輔：日水誌，**31**，585-590 (1965).

45) 庄司紀彦・佐藤圭介・尾崎真澄：資源の分布と利用形態，スズキと生物多様性－水産資源生物学の新展開（田中克・木下泉編），恒星社厚生閣，2002，pp.9-20.

46) 川那部浩哉：魚々食紀－古来，日本人は魚をどう食べてきたか，平凡社新書，**41**，2000，v+214 pp.

# 8. 耳石による回遊履歴追跡

太 田 太 郎[*1]

スズキは発育段階や季節に応じて海域から淡水域に至る広い塩分域を往来する広塩性魚類である．しかし，本種の回遊様式は海域間のみならず同じ海域内においても多様性に富み，様々なパターンが知られている．例えば，仔稚魚期の成育場は，塩分 30 以上の沿岸砕波帯から河口汽水域[1, 2]，あるいは有明海筑後川で顕著に見られる淡水域[3] にまで広がっている．このような多様性に富んだ回遊様式を調べるには，現場調査による出現動態の把握に加え，採集した個体から多くの履歴情報を取り出すことが不可欠と考えられる．

耳石は内耳に存在する硬組織であり，聴覚器官や平衡器官として働いているが[4]，そこにはその個体に関する様々な情報が記録されている．耳石に形成される日周輪は本種においても生態解析に応用されており[1-3]，個体の時間情報を得る有効な手段となっている．また，耳石に含まれる微量元素組成は，個体が経験した成育環境によって変動するため，これを解読する研究が進められている．本章では，まずこれらの耳石から得られる情報の有効性を検討する．さらに，微量元素分析を用いて，有明海産スズキの回遊履歴解析を試みる．

## §1. 耳石の輪紋情報

### 1·1 輪紋の周期性

Pannella[5] が耳石中の微細輪紋形成に日周性があることを示唆して以来，多くの魚種で日齢査定が可能となり，耳石日周輪は魚類の生態・資源学的研究の進展に大きく貢献している．スズキの耳石については，扁平石の日周性がMatsumiya ら[6] により最初に報告された．さらに，第一輪の形成時期については，飼育魚の孵化後日数（y）と耳石輪紋数（x）の間には y＝1.03×＋4.26 の直線回帰が成立し，孵化後約 5 日後に形成されることが報告されている[*2]．

---

[*1] 京都大学大学院農学研究科応用生物科学専攻海洋生物増殖分野

[*2] 松井道彦ら：平成 8 年度日本水産学会春季大会講演要旨集．

本種の扁平石の輪紋は比較的明瞭であり，研磨とエッチングなどの処理を適正
に行えば，20 mm SL（以下同様）前後までは観察が可能である（図 8·1A）.
しかし，20 mm 前後に達すると二次中心が形成され始め，縁辺部付近の輪紋が

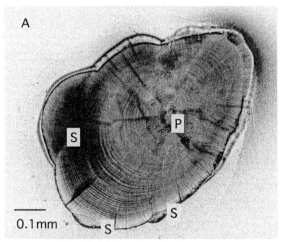

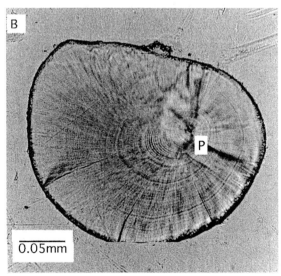

図 8·1　スズキ稚魚（21.0 mm SL）の扁平石（A）と礫石（B）.
　　　　P：中心部．S：二次中心．＊エボキシ樹脂で包埋後，
　　　　ラッピングフィルムで研磨し，0.1N-HCl によりエッチ
　　　　ング処理をした

光学顕微鏡下では不明瞭となり，扁平石での観察が困難になる．なお，藤田[7]は，扁平石での計数が困難な個体について，礫石（図 8・1B）を用いて日齢査定を行っている．

　一方，スズキの耳石に形成される輪紋を用いた年齢と成長に関する研究はほとんど行われていない．しかし，スズキの耳石には明瞭な透明体と不透明帯が形成されており，外部からでも確認することができる．今後年周性の確認などを行い，年齢形質としての有効性を明らかにする必要がある．

### 1・2　スズキの初期成長

　種苗生産現場でのスズキは，飼育水温を 16℃に設定した場合，30 日齢で 11〜12 mm，60 日齢で 19〜20 mm に成長することが知られている[8]．一方，筑後川河口域に出現する 16 mm 前後のスズキ仔稚魚の日齢は 80 日前後であり，飼育環境下に比べかなり遅い（図 8・2）．有明海のような閉鎖的な水域においては，冬季には水温が10℃前後まで低下するためと考えられる．これに対して，黒潮の影響が強く冬季の水温も比較的高い四万十川河口域では，飼育環境とほぼ同程度の成長を示すことが知られている[7]．冬季に産卵する魚でありながら，本種が日本各地に広く出現するのは，初期生活期における水温適応範囲が広いためではないかと考えられる．

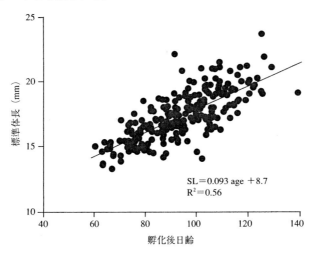

$$SL = 0.093\ age + 8.7$$
$$R^2 = 0.56$$

図 8・2　1997 年筑後川河口域で採集されたスズキ仔稚魚の耳石日周輪より推定した成長（太田，未発表）

## §2. 耳石の微量元素情報

### 2・1 耳石の Sr/Ca の研究

耳石は炭酸カルシウムを主成分とする硬組織であるが，ここには多くの微量元素が混在し，取り込まれた元素は他の硬組織とは異なり長期間保持される．中でもストロンチウム（Sr）はカルシウム（Ca）に次いで多く存在する金属元素であり[9]，耳石中のストロンチウムとカルシウムの比（Sr/Ca）から魚が経験した過去の成育環境を解読する研究が多くの魚種でなされている．

耳石の Sr/Ca と環境塩分との関係は，いくつかの魚種で実験的に調べられ，魚種を問わず基本的に両者は相関することが明らかにされている[10-12]．これは，水中に溶存している Sr 濃度と塩分が正の相関をもつ[13]ためといわれているが，最近では Sr 濃度そのものよりも，Sr 濃度と Ca 濃度の比が効いていることを示唆する報告もある[12]．また，これを用いた塩分履歴解析に関する研究は，サケ科[14, 15]やウナギ科[16, 17]などの典型的な通し回遊魚を中心に行われてきた．スズキと近縁な種では，ストライプドバスにおいて本手法を応用した一連の研究があり[10, 18-20]，チェサピーク湾におけるストライプドバスの回遊様式の解明に大きく貢献している．

### 2・2 スズキにおける成育環境塩分と耳石 Sr / Ca との関係

スズキにおいても本手法が塩分履歴の指標として有効であるかどうかを実験的に調べる必要がある．そこで，著者らは 40〜50 mm まで海水で飼育したスズキ稚魚を，塩分と水温が異なる試験区で 2 週間飼育し，PIXE 法（Particle-Induced X-ray Emmision）を用いて耳石表面の Sr/Ca を測定した．その結果，Sr/Ca は塩分 0 では低い値となるものの，2.5 以上の塩分区間では差が認められなかった（図 8・3A）．また，2.5 以上の塩分区では，高水温区で Sr/Ca が高くなる傾向が認められたが，塩分 0 では水温に関わらず低い値を示した．さらに，筑後川水系で採集したスズキ仔稚魚についても，Sr/Ca は塩分 0 の場合にのみ低い値となり，飼育実験で得られた結果と同様の傾向が認められた（図 8・3B）．

これらの結果をまとめると，スズキにおいても耳石の Sr/Ca を分析することにより，生態研究を行う上で以下のような有益な情報を取り出すことができると考えられた．

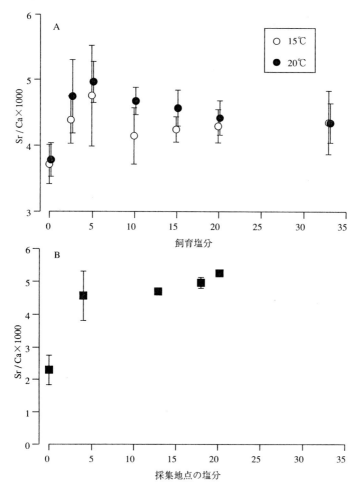

図8・3　成育環境塩分とスズキ稚魚の耳石の Sr/Ca の関係. 飼育実験魚の結果
　　　（A）（太田，未発表）と筑後川水系で採集した天然魚の結果（B）[21].

（1）過去の淡水域への移入が個体レベルで判別できる.

（2）波長分散型 EPMA（Electron Probe X-ray Microanalyzer）などを用い
ることにより微細領域の分析が可能であり，Sr/Ca の時系列データが得られ
る．例えば，図 8・4 に示すような耳石半径－体長関係を求めることにより，
個体の淡水移入時の体長の推定も可能になる.

　一方，著者ら実験結果では，海水域から汽水域の移動を Sr/Ca から判別する
のは困難であるという問題点も生じた．さらに淡水域で採集した天然稚魚の耳
石の Sr/Ca（図 8・3B）は，飼育実験の淡水区の値（図 8・1A）に比べかなり低
い値を示した．この解釈については，（1）水質（溶存 Sr 濃度，Ca 濃度）の違
いによって生じた，（2）飼育期間が短く Sr/Ca が完全に下がりきらなかった，

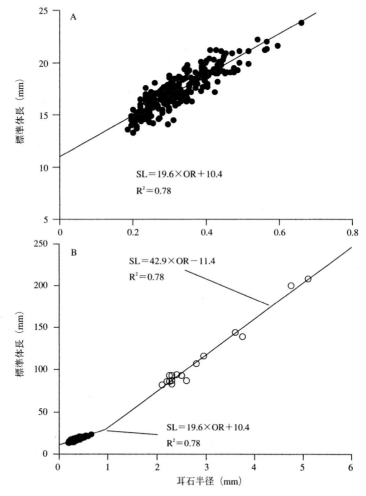

図 8・4　スズキの耳石（扁平石）最長半径（OR）と標準体長（SL）の関係．（A）体長
　　　　25 mm 以下の仔稚魚における関係，（B）成長した当歳魚における関係（太
　　　　田，未発表）

という 2 つの可能性が考えられる．いずれにしても，環境塩分の変化が耳石の
Sr/Ca の変化に影響を及ぼすまでのタイムラグを，実験的に調べる必要がある．

## §3.　耳石 Sr/Ca の生態的研究への応用

日比野[3] に紹介されているように，有明海の湾奥部に流入する筑後川では，
スズキは個体発生の早い段階で河川を遡上し，淡水域を稚魚期の成育場とする
群の存在が知られている．しかしながら，稚魚網採集による出現動態の把握が
困難となる体長 20 mm 以降の回遊様式については不明な部分が多い．ここで
は，夏季から秋季に採集された当歳魚の耳石 Sr/Ca を波長分散型 EPMA によ
り分析し，これらの淡水移入履歴から有明海産スズキの初期回遊様式を検討し，
考察を加える．また，産卵群成魚の稚魚期の淡水移入履歴を調べ，淡水遡上群
の産卵への貢献度についても検討する．

### 3・1　当歳魚の淡水遡上履歴

筑後川の淡水域（採集日：1999 年 9 月）と河口点付近（採集日：1997年 6，
8，10 月，1999 年 6，8，10 月），並びに大牟田市沿岸の干潟域（採集日：1999

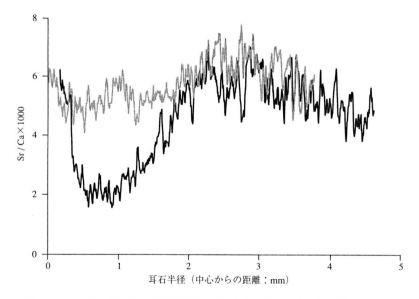

図 8・5　1997 年 10 月に筑後川河口点付近で採集されたスズキ当歳魚 2 個体（約 20 cm SL）
の耳石中の Sr/Ca の変動．波長分散型 EPMA を用いて測定（太田，未発表）

年6, 8, 10 月）において採集した当歳魚の Sr/Ca を分析した.

まず，典型的な例として示した2個体の当歳魚（図 8・5）は，河口点近くにおいてほぼ同時に採集されたにもかかわらず，全く異なる Sr/Ca の変動パターンを示した．一方の個体は体長 17 mm 前後で淡水域に移入し，その後汽水域

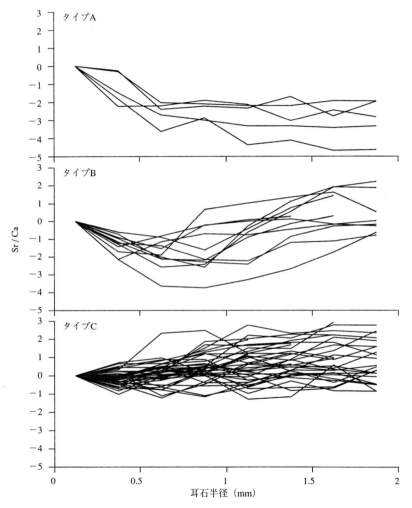

図 8・6　有明海湾奥部で採集されたスズキ当歳魚における耳石の Sr/Ca の変動パターン（太田，未発表）．各タイプの説明は本文中に記載．それぞれの個体につき，耳石半径 0.25 mm 間隔で平均値を算出し，各平均値と最初の平均値（耳石半径が 0～0.25 mm）の差を算出することによりデータを簡略化した

に戻ったことが判るが，もう一方は淡水域へは遡上せずに汽水域か海域に残留していたと推察される．

　しかし，Sr/Ca の変動パターンは個体によって様々であり，全ての個体を上記のような典型的な 2 つのパターンに分類することは不可能であった．そこで，全体的な傾向を読みとるためにデータの簡略化を行い，便宜上大きく 3 つのタイプに分類した（図8・6）.

　タイプ A：Sr/Ca は高い値から低い値に減少し，耳石径 2 mm 付近まで低い値で推移する．

　タイプ B：Sr/Ca は高い値から低い値に減少するが，耳石径 2 mm 付近より前に再び高い値に戻る．

　タイプ C：Sr/Ca は一貫して高い値で推移する．なお，元データを見た場合，タイプ C の中にも若干の Sr/Ca の減少が見られた個体や極わずかな部分で Sr/Ca の減少が見られた個体も存在した．しかし，分類に客観性をもたすため，簡略化したデータにおいて最初の平均値より1.5 以上減少したものはタイプ B，それ以外はタイプ C とした．

　タイプ A，B に分類された個体は，Sr/Ca の減少部位から17～30 mm SL で淡水域へ移入したことが推定された．しかし，淡水域での滞在期間は，タイプ（A）のように長期間滞在していたもの，またタイプ（B）の中にもすぐに汽水域に戻るものから比較的長い間滞在しているものまで様々なものが含まれる．中には淡水域と汽水域を往復していたと推察されるような変動パターンを示す個体も認められた．

　各地点で採集された淡水遡上群（タイプ A，B）の割合は，1997 年の筑後川河口域で約 50%，1999 年では10～20%程度であった．大牟田市の干潟域で採集された当歳魚の大部分はタイプ C であったが，10 月には 8 個体中の 1 個体がタイプ B であった．

### 3・2　産卵群成魚の稚魚期の淡水遡上履歴

　1996 年と 1997 年の 12 月に島原半島沖で漁獲された産卵群成魚の耳石の Sr/Ca を分析し，当歳魚と同様の方法で分類した．耳石径 2 mm までの間に Sr/Ca の減少が認められた個体は 96 年では 5 個体中 1 個体，97 年では 12 個体中 5 個体であったが，これらのうち 2 個体は耳石径 1 mm 以上の部分（>30

mm）で Sr/Ca の減少が認められた（図 8・7A）．分析個体数は少ないが，島原沖に出現する産卵群成魚のうち少なくとも 20～25％程度の個体が，変態期に淡水域に遡上した履歴をもつものと推定された．

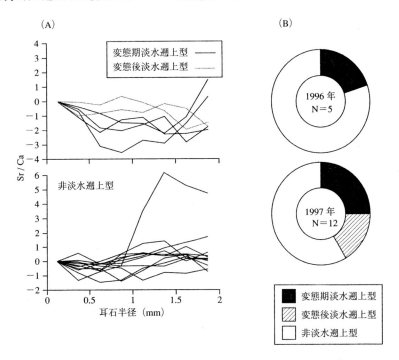

図8・7　島原沖で漁獲された産卵群成魚の Sr/Ca の変動パターン（A）と各型の割合（B）．（A）におけるデータの簡略化は図 8・6 と同様（太田，未発表）

### 3・3　初期回遊様式の多様性と両側回遊性

田中[22)]は，筑後川に見られる淡水域への遡上が，変態期に起こる "stage-specific" な現象であることから，この現象が偶発的なものでなく集団として生じる必然的な過程であると論じている．耳石の Sr/Ca 分析の結果からも，淡水域が稚魚期の成育場として重要な役割を果たし，有明海産スズキの個体群維持に貢献していると考えられた．また，淡水域への移入時期も 17～30 mm と変態期付近に集中しており，この時期の集団的な移入を反映した結果と考えられる．しかし，典型的な通し回遊魚とは異なり，淡水域に遡上した個体の滞在

期間は多様であったことから，変態期以降は淡水域と塩分域を状況に応じて自由に移動していることが示唆される．つまり，変態期を境に淡水域への移入が可能となるが，淡水域の成育場としての利用は自由かつ柔軟に行っているのではないかと考えられた．

　Gross[23]は，通し回遊魚の適応度を回遊に伴うリスクとメリットによって説明し，その進化過程のモデルを提示した．一方，有明海産スズキに見られる両側回遊性は固定されたものではなく，全体に占める淡水遡上群の量的割合も圧倒的に高いわけではないと考えられた．また，塩分10〜11以上の海水域や汽水域と淡水域との間を移動する際には浸透圧調節を逆にする必要があり，このような調節の負荷を伴った初期回遊様式は個体にとっては決して有利な戦略とは考えられない．しかし，Gross[23]の考えに基づけば，有明海のスズキについても，淡水遡上個体が生き残り，最終的にはある一定の割合で遺伝子を次世代に残していなければ，このような生活史が集団内で維持されることはありえないと考えられる．つまり，現在の成育場利用形態が生態的に平衡状態にあり，さらに初期回遊様式が遺伝的に左右される"形質"であるとすれば，変態期に集団的に淡水域へ移入する事実や，それらがある割合で産卵（再生産）に寄与している事実は，淡水移入に伴うリスクを上回る何らかのメリットが存在することの証ではないだろうか．

　なお，有明海産スズキには複数の遺伝的に異なる集団が存在することが示唆されており[24]，今後は遺伝情報と回遊履歴情報を結びつけることにより，新たな研究の展開が期待される．

## §4．新しい研究手法

　耳石は一生を通じてほとんど代謝されない唯一の組織であり，ここから過去の経験を解読するための様々な研究が進められている．近年では，これまで広く利用されてきた波長分散型EPMAに加え，より分析精度も高く微細領域での分析が可能なLA-ICPMS（Laser Ablation-Inductively Coupled Plasma Mass Spectroscopy）が耳石の元素分析に応用されている．これにより微細領域での多元素分析が可能となり，耳石中心部付近の微量元素組成から産卵水域の推定を試みた研究もなされている[25]．また，Sr sの同位体比も近年注目され

ており，大西洋産サケ *Salmo salar* の母川を推定する指標としての有効性が示されている[26]. このような分析技術向上によって，今後も耳石からより多くの履歴情報の解読が期待される.

文　献

1 ) 大美博昭：若狭湾由良川河口域における仔稚魚の生態. スズキと生物多様性－水産資源生物学の新展開（田中　克・木下　泉），恒星社厚生閣, 2002, pp.44-53.

2 ) 藤田真二：土佐湾四万十川河口域における仔稚魚の生態. スズキと生物多様性－水産資源生物学の新展開（田中　克・木下　泉），恒星社厚生閣, pp.54-64.

3 ) 日比野学：有明海産スズキの初期生活史にみられる多様性. スズキと生物多様性－水産資源生物学の新展開（田中　克・木下　泉），恒星社厚生閣, 2002, pp.65-78.

4 ) 川村軍蔵：感覚器官. 魚類の初期発育（田中　克編）恒星社厚生閣, 1991, pp.9-20.

5 ) G. Pannella : Science, 173, 1124-1127 (1971).

6 ) Y. Matsumiya, H. Masumoto and M. Tanaka : *Bull. Japan. Soc. Sci. Fish.*, 51, 1955-1961 (1985).

7 ) 藤田真二：四万十川河口域におけるスズキ属，ヘダイ亜科仔稚魚の生態学的研究，学位論文，九州大学，1994, pp.50-70.

8 ) 熊谷　滋・地下洋一郎・野坂克巳・川西敦：栽培技研, 13, 67-75 (1984).

9 ) N. Arai, W. Sakamoto, and K. Maeda : *Fish. Sci.* 61, 43-47 (1995).

10) D. H. Secor, A. Henderson-Arzapolo, and P. M. Piccoli : *J. Exp. Mar. Bio. Ecol.*, 192, 15-33 (1995).

11) W. N. Tzeng : *J. Exp. Mar. Bio. Ecol.*, 199, 111-122 (1996).

12) Y. Mugiya and S. Tanaka : *Fish . Sci.* 61, 29-35 (1995).

13) B. L. Ingram and D. Sloan : *Science*, 255, 68-72 (1992).

14) J. M. Kalish : *Fish. Bull.*, 88, 657-666 (1990).

15) R. L. Radtke, J. B. Dempson, and J. Ruzicka : *Polar Biol.* 19, 1-8 (1998).

16) W. N. Tzeng and Y. C. Tsai : *J. Fish Biol.*, 45, 671-683 (1994).

17) K. Tsukamoto, I. Nakai, and W-. V. Tesch : *Nature*, 396, 635-636 (1998).

18) D. H. Secor : *Fish. Bull.*, 90, 798-806 (1992).

19) D. H. Secor and P. M. Piccoli : *Estuaries*, 19, 778-793 (1996).

20) D. H. Secor, J. R. Rooker, E. Zolkovitz, and V.S. Zdanowicz : *Mar. Ecol. Prog. Ser.*, 211, 245-253 (2001).

21) T. Ohta, N. Arai, M. Tanaka, and K. Yoshida : *Int. J. PIXE*, 17, 147-151 (1997).

22) 田中　克：川を遡る有明海のスズキ稚魚，稚魚の自然史（千田哲資・南　卓志・木下泉編），北海道大学図書刊行会, 2001, pp.210-221.

23) M. R. Gross : *American Fisheries Society Symposium*, 1, 14-25 (1987).

24) 中山耕至：有明海個体群の内部構造. スズキと生物多様性－水産資源生物学の新展開（田中　克・木下　泉編），恒星社厚生閣, 2002, pp.127-139.

25) S. E. Campana and A. J. Fowler : *Can. J. Fish. Aquat. Sci.*, 51, 1942-1950 (1994).

26) B. P. Kendy, C. L. Folt, J. D. Blum, and C. P. Chamberlain : *Nature*, 387, 766-767 (1997).

# 9. 浸透圧調節生理

平 井 慈 恵 *¹

　幅広い塩分環境に適応できる広塩性魚類は，河口域を成育場とする沿岸性魚類に多くみられ，中でも，スズキは淡水にも適応できる魚である¹⁾．一般に硬骨魚類の体液浸透圧は海水の約 1/3 のレベルに保たれており，海水魚は，体内に流入した過剰な塩分を能動的に排出するとともに，積極的に水を飲むことによって，不足する水を吸収している²⁾．逆に淡水魚では，体内に流入した余分な水分は浸透圧が体液より低い低張尿として排出され，不足する塩分を能動的に体内に取り込んでいる²⁾．淡水と海水の間を行き来できるスズキのような魚では，海水魚，淡水魚両方の浸透圧調節機構をもっていると考えられる．浸透圧調節に関する多くの研究は，サケ科魚類，グッピー，ティラピアなどを用いて行われており，総説 ²⁻⁵⁾ も多く発表されているのに対し，スズキについては，未知の部分が多い．しかし，近年，飼育技術の確立とホルモン測定法や免疫組織化学的手法の導入により，生理学的な実験系の組み立てが可能になり，さらにこれまで多く蓄積されている生態学的知見をもとにした，"ecophysiology"の研究モデルとして，スズキの浸透圧調節機構に関する研究が行われつつある．本章では，これまでに明らかになったスズキの浸透圧調節に関する研究について紹介する．

## §1. 個体発生初期における低塩分耐性の発達

　海産魚でありながら淡水にも進出するスズキであるが，全生活史を通じて淡水中で生存できるわけではない．孵化後から仔魚期の大部分は低塩分での生残率は低く，仔魚から稚魚への移行期に低塩分耐性が高まる．スズキ卵を海水中（33 ppt）で飼育し，淡水から海水までの塩分区（0, 1, 3, 6, 12, 24, 33 ppt）に直接移行すると，仔魚期の中でも屈曲期までは，3 ppt 以下での生残は悪いが，後屈曲期には 1 ppt や 3 ppt での生残は 6 ppt 以上の塩分区と差はなくな

*¹ 京都大学大学院農学研究科

り，この時期より低塩分耐性は向上する（図9・1）．さらに，稚魚期には，淡水へ直接移行しても生残が可能になる[1]．後屈曲期は仔魚から稚魚への移行期に相当し，一般に形態変化とともに，生理，内分泌学的にも仔魚型から稚魚型への変化が生じる発育フェーズである[6]．したがってスズキにおいても，低塩分耐性を獲得するのに重要な生理機能が発達する時期であると考えられる．

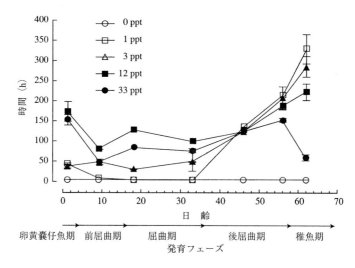

図9・1　スズキ仔稚魚期における低塩分耐性の発達[*2]．海水から各塩分に直接移行したときの50%致死時間（平均±標準誤差）

　しかし，飼育実験下では海水から淡水に直接移行した場合，仔魚や稚魚への移行後まもない段階では淡水中で生残することができない．また，第2章で生活史について紹介されているように，筑後川河口域では，仔魚から稚魚への移行期に河川を遡上し，淡水域に進出する個体が見られるが[7]，すべての個体群において仔魚から稚魚への移行期に淡水域に進出するわけではないことから，この時期は低塩分耐性が発達する途中であり，淡水適応機構はまだ完成していないのかもしれない．飼育実験下では後屈曲期の仔魚を，塩分を段階的に下げながら淡水に移行すると，ほとんどの個体が淡水中で生残できる[*2]．他の水域に比べて個体発生の早期から淡水遡上が見られる筑後川河口域では鉛直混合が強く，

---

[*2] N. Hirai, M. Tagawa, Y.Yube, M. Hibino, and M. Tanaka: 24th Ann. Larval Fish Conf., 2000 で発表

上流に向かって 10 数 km におよぶ汽水域が形成されている．したがって，スズキ仔稚魚は，塩分勾配がより緩やかな環境ほど容易に淡水に遡上しやすく，塩分勾配が急激に変化する環境では淡水に遡上しにくい可能性が推測される．

### §2. 淡水適応とホルモン

魚類の浸透圧調節は，鰓，腎臓，消化管などの浸透圧調節器官で行われるが，各器官の働きには，内分泌器官より分泌されたホルモンが関与している．性成熟に関与するホルモンを除くと，一般に硬骨魚類のホルモン分泌は発育初期からみられ，特に仔魚から稚魚への移行期に大きな変動を示す[6]．スズキでは，飼育や野外採集によって得られた仔稚魚を用いて，特に，淡水適応に重要なプロラクチン，海水適応に重要なコルチゾル，成長ホルモンについて研究が進められてきた．

### 2・1　プロラクチン

プロラクチンは，鰓などの浸透圧調節器官の水の透過性を抑える作用をもつ，下垂体ホルモンの一つである[2]．例えば，淡水に適応したウナギ *Anguilla japonica* では，下垂体を除去すると鰓への水の浸水量が増加するが，プロラクチンの投与によって，水の流入を抑えることができる[8]．また，グッピー *Lebistes reticulatus* では，塩類細胞は淡水中，海水中ともに一次鰓弁上に存在するが，海水中では，一種類の塩類細胞しか存在しないのに対し，淡水中では微細構造の異なる 2 種類の塩類細胞が出現することが報告されている[9]．同じような現象は，ティラピア *Oreochromis niloticus* にもみられ，汽水中でプロラクチンを投与すると淡水型の 2 種類の塩類細胞が出現することから，プロラクチンは淡水で機能するための塩類細胞の分化に作用する可能性があることも示唆されている[10]．

成魚では，プロラクチンの血中濃度をラジオイムノアッセイ法を用いて測定することが他魚種については可能であるが，仔稚魚では測定に必要な十分量の血漿を採集することは困難であり，魚体全体から抽出する方法も確立されていない．しかし，プロラクチンに対する抗血清[11]を用いて，下垂体中のプロラクチン産生細胞群を免疫組織化学的に検出することが可能であり，プロラクチン産生細胞の下垂体中の体積比を求めることにより，仔稚魚期のプロラクチン

産生度合の指標とされている．この手法を用いて，現在では淡水魚[11]，海水魚[12, 13]の両方で，個体発生初期のプロラクチン産生の変化が広く研究されている．

　スズキにおいては，下垂体は卵黄吸収時には出現しており，プロラクチン産生細胞群の割合（PRL比）は，発育と共に上昇する．飼育実験下では，低塩分環境に移行した仔稚魚のPRL比は，海水中のものと比べて上昇する[*3]．また，天然でも，筑後川河口域におけるスズキ仔稚魚では，河川を遡上し低塩分環境にいるものほどPRL比が増加し，淡水域で最大になる（図9・2）[*4, 5]．したがって，スズキ仔稚魚の淡水遡上においては，プロラクチンが淡水適応に重要な役割を負っていると推定されるが，その具体的な機構については今後の課題である．

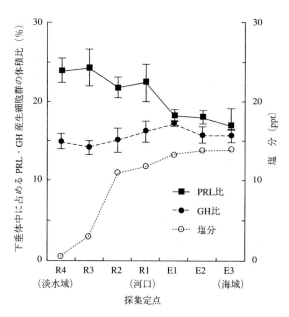

図9・2　筑後川河口域（1995年3月）におけるスズキ仔稚魚下垂体中のPRL，GH産生細胞群の体積比[*4, 5]．

*3　中山耕至：修士論文，京大農，1995
*4　横内昭一：卒業論文，京大農，1990
*5　平井慈恵：卒業論文，京大農，1996

## 2・2　コルチゾル

　魚類の間腎から分泌されるコルチゾルは，糖代謝と電解質代謝の両方に関与している[2, 14]．コルチゾルは淡水中のウナギを海水に移すと濃度が増加することから，海水適応に関与すると考えられている[2, 14]．例えば，淡水中のウナギにコルチゾルを投与すると，海水中のウナギのように消化管の膜電位が上昇し，イオンの能動輸送が増大し，水の吸収が高まる．腎臓においても，$Na^+$，$K^+$-ATPase の活性が高まり，$Na^+$，$Cl^-$ の吸収の促進とそれに伴う水の体内への再吸収に役立っていると考えられている[14]．また，海水中ではイオンの排出に機能する塩類細胞のサイズや数の増加にも関与し，ティラピア *Oreochromis mosambicus* では，コルチゾル投与によって鰓蓋膜上[15]と卵黄嚢膜上[16]の塩類細胞の数[15]とサイズ[15, 16]が増加に機能することが報告されている．

　通常，成魚では血漿中のコルチゾル濃度をラジオイムノアッセイ法により，血漿中濃度を定量することが可能であるが，仔稚魚の場合は血液が微量で採血が困難である．近年，魚体全体からコルチゾルを抽出し，ラジオイムノアッセイ法によって測定する方法が確立され[13]，個体発生初期の発育・成長に伴うコルチゾル濃度変化を調べることが可能になった．

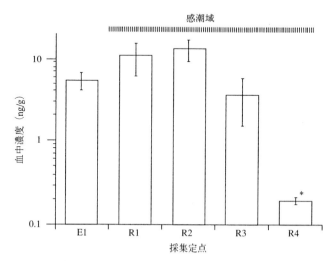

図9・3　筑後川河口域（1997 年 3 月）におけるスズキ仔稚魚の体内コルチゾル濃度（平均±標準誤差）（Pérez ら[7]を改変）．採集定点は図 9・2 に同じ．＊：E1 との間に有意差（p＜0.05）

スズキでは，前屈曲期に間腎が出現し，続く屈曲期にコルチゾル濃度が最大になる[17]．その後，仔魚から稚魚への移行期には，変態に関与する甲状腺ホルモンの濃度が上昇するのと相反して[17]，コルチゾル濃度は低下する．筑後川河口域で採集したスズキ仔稚魚の場合，ほぼ淡水域に進出したものでは，塩分変化の激しい汽水域と比べて有意に濃度が低下する（図9・3）．汽水域でみられる高濃度のコルチゾルは，ストレスによる可能性もあるが，いずれにしても，スズキの淡水適応には直接関与しないようである．

### 2・3 成長ホルモン

成長ホルモン（Growth hormone, GH）は，下垂体の前葉から分泌される成長を促進する作用をもつホルモンであり，サケ科魚類では海水適応にも関与することが示唆されている．例えば，アマゴ *Oncorhynchus masou ishikawai* では海水に移行すると通常血漿の浸透圧が上昇するが，GH 投与によって浸透圧の上昇が抑えられ，また海水中での生残率も未投与に比べて上昇する[18]．

前述のプロラクチンと同様に，仔稚魚の GH は下垂体中の GH 産生細胞群を免疫組織化学的に染色することにより検出が可能であり，孵化後数日しか経っていない仔魚でも GH 産生細胞を観察することができる[11]．筑後川河口域で採集されたスズキ仔稚魚では，下垂体中のGH産生細胞の体積比（GH比）は，塩分と関係なく 15％前後である（図9・2）．筑後川河口域における河川遡上期のスズキ仔稚魚はほとんどの個体が後屈曲期，すなわち仔魚から稚魚への移行期にあたる．このように発育フェーズがそろっている場合には，成長ホルモンの作用は成長のみに限定されているようである．同様の結果は，河川遡上期のウナギでも報告されている[19]．海産魚ではサケ科魚類と異なり，成長ホルモンの浸透圧調節における直接の作用はなさそうである．

### §3. 塩類細胞の発達機構と淡水適応

内分泌系は，浸透圧の「調節」に重要な役割をもつが，実際に体液の浸透圧やイオン組成の維持に機能するのは，鰓や消化管，腎臓などの器官である．中でも呼吸器官でもある鰓は海水中では積極的に体内の過剰のイオンを排出し，淡水中では環境水から直接イオンを吸収する，特に重要な浸透圧調節器官である．鰓の基本構造は鰓弓からのびる一次鰓弁とその一次鰓弁上にひだ状になっ

て多数存在する二次鰓弁から構成されている（図 9・4）．一般に海産魚では，一次鰓弁上に塩類細胞と呼ばれる浸透圧調節に重要な働きを示す細胞が存在し，体内に過剰に流入したイオンを排出する働きをもつ．海水中で飼育したスズキ稚魚は一次鰓弁上に塩類細胞をもつ．しかし，淡水中で飼育すると，一次鰓弁上から二次鰓弁に分布が徐々に変化する（図 9・5）．

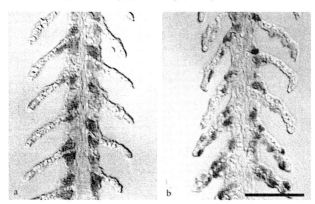

図9・4　スズキ稚魚の鰓における塩類細胞（黒い染色部分）（Hirai ら[1]）を改変）．中央部は一次鰓弁，多数の襞状部は二次鰓弁．a：海水中で飼育した個体，b：海水から淡水に 2 週間移行した個体．スケールバー：50 μm

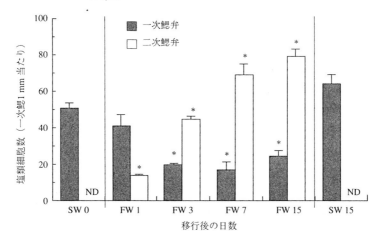

図9・5　淡水移行後の日経過に伴う，鰓塩類細胞の密度変化（平均±標準誤差）（Hirai ら[1]）を改変）．SW：海水（33ppt），FW：淡水（0ppt），ND：検出なし．*：SW0 に対して有意差（p<0.01）

　さらに詳しく観察すると，淡水移行後の日経過とともに，二次鰓弁の基部から先端に向かって広がっていく方向性を示す[1]．淡水中で飼育している魚が二次鰓弁上に塩類細胞をもつことは，シロサケ *Oncorhynchus keta*[20]，サクラマス *Oncorhynchus masou masou*[21]，ウナギ[22] でも報告されており，淡水中で不足するイオンを吸収する機能をもつことが示唆されている．海産魚のスズキにおいても，二次鰓弁に出現する塩類細胞は，淡水中でイオンの吸収に機能していると考えられる．また二次鰓弁の基部から先端への塩類細胞の移動は，鰓の表面積の大部分を占める二次鰓弁に分布をシフトすることで，淡水中に微量に存在するイオンを効率よく吸収する働きがあると考えられる[1]．

　さらに淡水馴化したスズキ稚魚を海水に再移行すると，二次鰓弁上の塩類細胞は消失する[*6]．サクラマス[21] とウナギ[22] では降海前の淡水にいる間から二次鰓弁上の塩類細胞が減少するが，スズキでは，海水移行時に二次鰓弁上の塩類細胞の消失が見られ，サクラマス，ウナギのような通し回遊のパターンが明確な種とは消失のタイミングが異なる．したがって，スズキの二次鰓弁における塩類細胞の出現と消失は，生活史の中でプログラムされているものではなく，実際に経験した塩分変化が引き金となっていると考えられる．淡水と海水を行き来できるスズキの広塩性は，このような浸透圧調節機構の柔軟性によるものかもしれない．

　このようにスズキでは，淡水適応に機能する塩類細胞が二次鰓弁上に出現するため，個体発生初期の低塩分耐性の向上は鰓の発達に深く関わっている．まだ一次鰓弁しか分化していない前屈曲期には低塩分耐性は低いが，屈曲期より二次鰓弁ができ始め，よく伸長した二次鰓弁をもつようになる後屈曲期には，低塩分耐性が発達するようになる[*7]．鰓が発達するまでの時期には塩類細胞が体表に分布するが，スズキでは体表の塩類細胞は発育に伴って減少するため，淡水適応には関与せず，海水適応にのみ関与していると推測される．したがって，スズキが淡水適応能を獲得するためには，淡水で機能する塩類細胞を分布させる場である二次鰓弁の発達が必要不可欠であると考えられる．

---

[*6] 平井慈恵，田川正朋，金子豊二，青海忠久，田中　克：平成10年度日本水産学会秋季大会講演要旨
[*7] 平井慈恵：未発表

## §4. 今後の課題

　スズキ属は，スズキとヒラスズキ *Lateolabrax latus*，そして日本産スズキと形態的特徴より別種とされ[23]，中国・韓国西岸を分布域とするタイリクスズキ[24]（中国産スズキ）の 3 種で構成される．ヒラスズキはスズキと比べると，仔稚魚期の河口域への依存度は低く，主に河川の影響が少ない砕波帯を利用している[25, 26]ことから，高塩分域を好む性質が強いと思われる．しかし，これまでのところ，ヒラスズキの塩分耐性能に関する生理学的な研究の例はない．一方，タイリクスズキの天然での生活史はほとんど未解明である．今後，これまでスズキで行われてきた浸透圧調節に関する研究を応用し，3 種の低塩分耐性能を比較することにより，タイリクスズキの大まかな生活史の推定や 3 種の分化と低塩分耐性能との関係の解析が可能になると期待される．筆者らはこれまで，台湾で人工採卵されたタイリクスズキを用いて低塩分耐性能についてスズキとの比較を行ったところ，仔魚期の低塩分耐性能は，各塩分への直接移行，段階移行の両方においてスズキ（図9·1）と同様の結果となった（図9·6）．しかし稚魚への移行後まもないタイリクスズキ（孵化後 60 日）を直接淡水に移行した場合，スズキよりも高い生残を示した（図 9·6）．このことは，タイリ

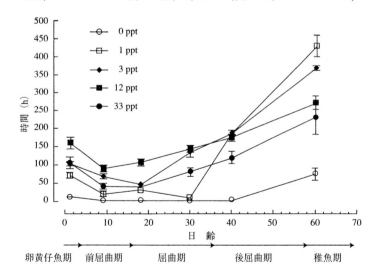

図9·6　台湾で人工採卵されたタイリクスズキ仔稚魚期における，海水から各塩分 1 に直接移行したときの50％致死時間の発育による変化（平均±標準誤差）

クスズキの淡水適応能の発達時期がスズキよりもやや早い可能性を示しており，スズキに比べてより淡水に依存した生活史をもつ可能性が推定される.

また§3で述べたように，スズキは淡水適応において，サケ科魚類やウナギなどの通し回遊魚と同様に二次鰓弁上に塩類細胞をもつが，それらがどのイオンの吸収に機能しているのか，また塩類細胞の出現と内分泌機構の働きの関連については未解明である．塩分環境の変化に対するスズキの柔軟さを理解するには，今後，これらの問題を解決することが必要と考えられる.

## 文　献

1 ) N. Hirai, M. Tagawa, T. Kaneko, T. Seikai, and M. Tanaka : *Zool. Sci.*, 16, 43-49（1999）

2 ) 岩田宗彦，平野哲也：浸透圧調節，魚類生理学（板沢靖男，羽生　功編），恒星社厚生閣，1991, pp.125-150

3 ) J. A. Zadunaiskey : The chloride cell : The active transport of chloride and the paracellular pathways. In W. S. Hoar and D.J Randall（eds.）Fish Physiology Vol XB, Academic Press, New York, 1984 : pp.129-176

4 ) M. Pisam and A. Rambourg : *Int. Rev. Cytol*, 130, 191-232（1991）

5 ) S. D. McCormick: Hormonal control of gill Na$^+$, K$^+$-ATPase and chloride cell function. In C. W. Wood and T. J. Shuttleworth (eds.) Cellular and Molecular Approaches to Fish Ionic Regulation, Academic Press, New York, 1995 : pp.285-315

6 ) M. Tanaka, J. B. Tanangonan, and M. Tagawa, E. G. de Jesus, H. Nishida, M. Isaka, R. Kimura, T. Hirano : *Aquacul.*, 135, 111-126（1995）

7 ) 日比野　学，上田拓史，田中　克：日水誌, 65, 1062-1068（1999）

8 ) T. Ogasawara and T. Hirano : *Gen. Comp. Endocrinol.*, 53, 315-324（1984）

9 ) M. Pisam, A. Caroff, and A. Rambourg : *Am. J. Anat.*, 179, 40-50（1987）

10 ) M. Pisam, B. Auperin, P. Prunet, F. Rentier-Delrue, J. Martial, and A. Rambourg : *Anat. Rec.*, 235, 275-284（1993）

11 ) F. Ayson, T. Kaneko, S. Hasegawa, and T. Hirano : *Gen. Comp. Endocrinol.*, 95, 143-152（1994）

12 ) R. Kimura and M. Tanaka : *Nippon Suisan Gakkaishi*, 57, 1833-1837（1991）

13 ) J. Hiroi, Y. Sakakura, M. Tagawa, T. Seikai, and M. Tanaka : *Zool. Sci.*, 14, 987-992（1997）

14 ) 小笠原　強：ホルモンと浸透圧調節，回遊魚の生物学（森沢正昭，会田勝美，平野哲也編），学会出版センター，1987，pp.12-25

15 ) S. D. McCormick : *Am. J. Physiol.*, 259, 857-863（1990）

16 ) F. Ayson, T. Kaneko, S. Hasegawa, and T. Hirano : *J. Exp. Zool.*, 272, 419-425（1995）

17 ) R. Pérez, M. Tagawa, T. Seikai, N. Hirai, Y. Takahashi, and M. Tanaka : *Fish. Sci.*, 65, 91-97（1999）

18 ) S. Miwa and Y. Inui : *Gen. Comp. Endocrinol.*, 58, 436-442（1985）

19 ) E. Arakawa, T. Kaneko, K. Tsukamoto, and T. Hirano : *Zool. Sci.*, 9, 1061-1066（1992）

20) K. Uchida, T. Kaneko, K. Yamauchi, and T. Hirano : *J. Exp. Zool.*, **276**, 193-200 (1996)

21) K. Ura, S. Mizuno, T. Okubo, Y. Chida, N. Misaka, S. Adachi, and K. Yamauchi : *Fish Physiol. Biochem.*, **17**, 397-403 (1997)

22) S. Sasai, T. Kaneko, S. Hasegawa, and K. Tsukamoto : *Can. J. Zool.*, **76**, 1480-1487 (1999)

23) K. Yokogawa and S. Seki: *Jpn. J. Ichthyol*, **41**, 437-445 (1995)

24) 中坊徹次：タイリクスズキ（新称）*Lateolabrax* sp., 新さかな大図鑑（小西英人編），週間釣りサンデー社，1995, pp.304-305

25) S. Fujita, I. Kinoshita, I. Takahashi, and K. Azuma : *Jpn. J. Ichthyol.*, **35**, 365-370 (1988)

26) I. Kinoshita and S. Fujita: *Jpn. J. Ichthyol.*, **34**, 468-475 (1988)

# 10. 東アジアのスズキ属

横 川 浩 治 *

スズキ属魚類は東アジアの主に沿岸域に分布し，いくつかの種が知られている．本章では，筆者らによるこれまでの研究成果などから本属魚類の種分化と各種の生物学的特徴について概説する．

## §1. スズキ属魚類の分類

スズキ属 (*Lateolabrax*) は，硬骨魚綱 (Osteichthyes)，スズキ目 (Perciformes)，スズキ亜目 (Percoidei)，スズキ科 (Percichthyidae) に属する．科については長らく Percichthyidae に含まれるとされてきたが，現在その帰属については定見がなく，Moronidae が妥当ではないかともいわれている[1]．分類上 "スズキ" という名前が並び，スズキ目の進化の本流にあるグループと思われがちだが，実はこのスズキ亜目は単系統ではなく，系統のはっきりした他のグループに属さない魚類をまとめた分類群と考えられている[2]．

従来のスズキ科も多くの属から成っていて，明らかに多系統の分類群と考えられる[2]．特にスズキ属は，脊椎骨が多いことなどからスズキ科の中でも少数グループになる．

*Lateolabrax* 属は Bleeker[3] によってスズキ *L. japonicus* を模式種として創設され，長らく1属1種とされてきた．その後，Katayama[4] がヒラスズキ *L. latus* を記載し，スズキ属魚類は2種となった．

## §2. スズキ属魚類第3種の発見

最近，Yokogawa and Seki[5] は，養殖用種苗として日本に大量に移入されている中国産スズキの形態的および遺伝的特徴を調べ，日本産のものと比較検討を行った．

中国産スズキは一般に体側に多くの小黒点があることで特徴づけられるが，

---

* 香川県水産試験場

さらに多くの形態形質について調べた結果，側線鱗数，鰓耙数，脊椎骨数の 3
形質において日本産のものと大きな差がみられた（図 10・1）．これらすべての
形質で両者のヒストグラムは明瞭に分離しており，この 3 形質を組み合わせる
ことによって両者を形態的に完全に識別することが可能であった．両者の相違

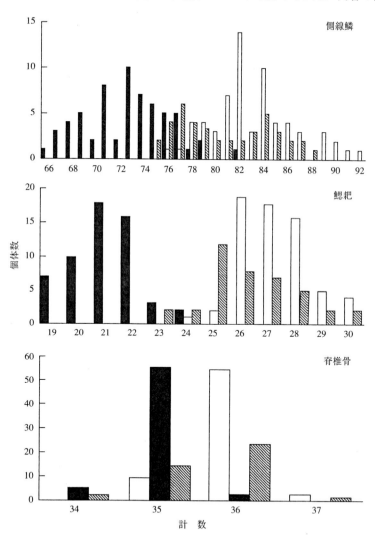

図10・1　特徴的な計数形質の頻度分布．白：*Lateolabrax japonicus*（日本産スズ
キ）；黒：*L*. sp.（中国産スズキ）；斜線：有明海産スズキ

は仔稚魚期の形態にも明瞭に観察されている<sup>6)</sup>.

さらに，遺伝形質としてアイソザイム（酵素多型）を調べた．特徴的な遺伝子座における両者の遺伝子組成を円グラフにして図 10·2 に示す．後述する一

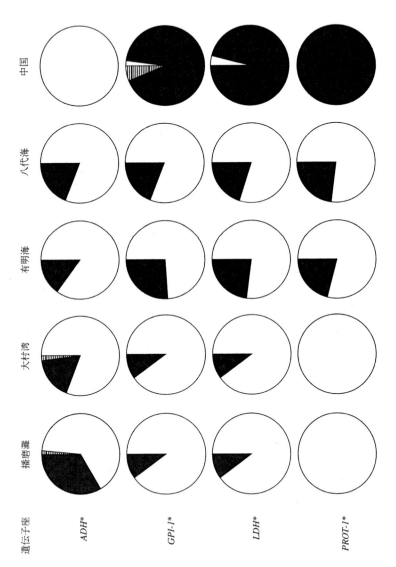

図 10·2　いろいろな個体群の特徴的な遺伝子座における遺伝子組成

部の例外を除いて日本産のスズキは地域間でかなり類似した遺伝子組成を示した [7]．これらの遺伝子座のうち，*GPI-1\** と *LDH\** 遺伝子座では両者間で主対立遺伝子が置換し，*PROT-1\** 遺伝子座では対立遺伝子の完全置換がみられた．日本産（播磨灘産）と中国産の間の Nei の遺伝的距離 [8] を計算したところ 0.174 となり，種間の水準に達しているものと考えられた．

　以上の形態的，遺伝的差異により，これまでスズキと同一種と考えられてきた中国産スズキは明らかに独立種であり，スズキ属魚類の第 3 種であることが判明した．中国産スズキはまだ学名が確定していないので，とりあえず *Lateolabrax* sp. とする．

### §3. 特殊な有明海産スズキ集団

　前述のように中国産スズキは体側に多数の小黒点があることで特徴づけられるが，日本の有明海に生息するスズキもそれに類似した形態をもつことが知られている．Kinoshita ら [9] は仔稚魚の形態的特徴から有明海産スズキの特殊性を指摘し，さらに Yokogawa ら [7] は有明海産スズキの成魚を形態的，遺伝的に調べ，他の地域のスズキとは異なる特殊な個体群であることを明らかにした．そこでこれ以降，種と地域個体群を区別するために，独立種であるスズキ属の 3 種を学名で，地域個体群を "〜産" と表現することにする．

　有明海産は体側に小黒点があるが，*Lateolabrax* sp. ほど顕著ではなく，調べた標本のうちの約 40％の個体では全く黒点がなかった．形態形質について，前述の *L. japonicus* と *L.* sp. で大きな差がある 3 形質について見ると，いずれの形質でも有明海産の値は *L. japonicus* の方に偏ってはいるものの，*L. japonicus* と *L.* sp. の中間的な頻度分布を示した（図 10·1）．

　遺伝的特徴について，有明海産スズキはすべての遺伝子座で Hardy-Weinberg の遺伝平衡によく適合し，単一のメンデル集団であると考えられた．有明海産の遺伝子組成は他の *L. japonicus* の地域個体群とはかなり相違し，*L. japonicus* と *L.* sp. を識別するためのマーカーとなる遺伝子座においてむしろ *L.* sp. に近い傾向を示した（図 10·2）．特に，*L. japonicus* と *L.* sp. で遺伝子が完全置換している *PROT-1\** 遺伝子座ではヘテロ個体が多く出現し，*L.* sp. の対立遺伝子が約 21％含まれていた（図 10·2）．

これは，有明海産が *L. japonicus* と *L. sp.* の交雑集団に由来する可能性を示唆し，形態的特徴において有明海産が *L. japonicus* に偏りながらも両種の中間的な傾向を示すことからも支持される．

この有明海のスズキ集団が成立した要因については，以下のようないくつかの仮説が考えられるが，仮説 3 あるいは仮説 4 の自然な移入交雑の可能性が強いのではないかと推定される．

仮説 1： ある時代に *Lateolabrax* sp. が大陸から有明海に人為的に移植され，その影響で交雑集団が形成された．

仮説 2： *L. japonicus* と *L. sp.* が分化していく過程で，途中の段階の両者の中間的な形質をもったものが有明海に隔離された．

仮説 3： *L. japonicus* と *L. sp.* が種分化した後に，自然な状態で *L. sp.* が有明海に大量に侵入し，そこで移入交雑を起こして現在のような集団が形成された．

仮説 4： *L. japonicus* と *L. sp.* が種分化した後に，地殻変動，気候変動などによって両者の大規模な混合が生じ，広い範囲で交雑集団が形成され，その一部が現在でも有明海に隔離されている．

九州の西海岸は地形が非常に複雑で，有明海をはじめとして八代海や大村湾などの閉鎖的な海域が存在する．有明海産はこのような閉鎖的な環境によって隔離されて成立したと考えられるが，同様の特徴をもった個体群が他海域にも存在する可能性があるため，有明海以外のこれら閉鎖海域のスズキについてもアイソザイムを調べた（図 10・2）．

八代海産の遺伝子組成は全般に有明海産とかなりよく似ており，特に交雑度の指標となる *PROT-1*\* 遺伝子座の遺伝子組成は極めて類似していた（図 10・2）．このことから，八代海産も有明海産と同様に *L. japonicus* と *L. sp.* の交雑集団に起源するものと考えられた．一方，大村湾産は有明海産や八代海産とは異なり通常の *L. japonicus* に類似した遺伝子組成を示した．特に，*PROT-1*\* 遺伝子座で *L. sp.* に特有の *170* 対立遺伝子が全く出現しないことから（図 10・2），この個体群は交雑集団由来ではないものと判断される．ただ，*ADH*\* 遺伝子座の遺伝子組成が通常の *L. japonicus* の集団と異なることが特徴的であるが（図 10・2），この理由については後述する．

　このように, *L. japonicus* と *L.* sp. の交雑集団は有明海と八代海に存在する
のに対して近隣の大村湾には分布しない. その原因はそれぞれの海域の海底地
形と水深で説明できよう. 即ち, 大村湾は全体的に浅くて平坦な海底地形で,
水深は最大でも 20 m 程度であり [10], おそらく何回か襲来した氷河期には完全
に干上がってしまったものと推定される. もし氷河期以前に交雑集団がここに
存在したとしても生き残ることはなく, 現在の集団はおそらく最終氷期以降に
あらたに侵入して定着したものと推定できる. そして, 閉鎖的な海域であるが
ゆえに外海域の集団とは遺伝的に隔離され, そのために遺伝子組成がやや特殊
化した可能性が考えられる. あるいは, 大村湾が氷河期以前に完全に閉じた淡
水湖であったと仮定すると, 交雑集団はここに侵入できなかったことになる.

　それに対して有明海や八代海では, 湾口部付近などには水深 50 m を超える
場所があり [11], 氷河期にも完全には干上がらなかったために交雑集団が生き残
ったのではないかと考えられる. しかし不思議なことに, これらの海域は閉鎖
的とはいっても湾口を通じて外海に開いており, 外海の集団との交流も十分に
想定されるが, これまでの遺伝的分析結果は有明海産, 八代海産ともに外海の
集団とは交流をもたず, 内海だけで生活史を完結している可能性を示唆してい
る. このように保守的な集団が保持されるメカニズムはたいへん興味深く, 今
後さらに追求していく必要があろう.

　このように, 有明海産および八代海産は *L. japonicus* と *L.* sp. の交雑集団
に由来する特殊な集団と考えられるが, ここで, *L.* sp. の種の表徴である体側
の黒点に注目し, 有明海産について黒点のない個体（通常型）と黒点のある個
体（黒点型）の 2 つのグループに分けて形態的, 遺伝的特徴を比較したところ,
形態形質, 遺伝形質ともに通常型に比べて黒点型はやや *L.* sp. に近いことがわ
かった [7].

　体側に黒点のあるスズキは, 有明海産ばかりではなく通常の *L. japonicus*
の幼魚期にもよくみられ, いわゆるセイゴの黒点型と称されるが, このような
黒点は成長に伴って次第に消失していく. このセイゴの黒点型と通常型につい
ても同様に検討したところ, 有明海産スズキの通常型と黒点型の場合と全く同
様に, 通常型に比べて黒点型が形態的, 遺伝的にやや *L.* sp. に近いことが明ら
かとなった [12].

120

つまり，いずれの場合も黒点のある個体群の方が形態的，遺伝的に L. sp. に近いことを示している．一つの可能性として，ポリジーン [13] の作用によって，L. sp. に特有の遺伝子を量的に多くもつ個体が形態的にも L. sp. に近くなるのではないかとの考えが推定される．これは，かつて起こったであろう L. japonicus と L. sp. の大規模な交雑によって生じた遺伝子流入の残存なのかも知れない．

かつてスズキ属魚類の分類学的再検討を行なった Katayama [14, 15] は，黒点の形状や他の形態形質が，L. japonicus，有明海産，L. sp. と連続的に変異するとみなし，このことから彼は L. sp. を L. japonicus の形態変異と結論づけた．つまり，この有明海産の存在があったために種分化の実体が浮かび上がらなかったものと思われるが，近年における分子遺伝学的手法の普及はこのような形態分類の限界をカバーし，あらたな知見を生み出しつつある．

### §4. スズキ属魚類の形態的，生態的特徴と種分化

#### 4・1 形態的特徴

スズキ属 3 種の形態模式図を図 10・3 に示す．まず，*Lateolabrax latus* は背鰭軟条数が多いことと側線下方鱗数が少ないことで他の 2 種と分けられる．他の 2 種の形態的相違はこれまで述べてきた通りであるが，その他に，未成魚では胸鰭有鱗域の大きさの違いや頭頂部の鱗列の発達の違いなども有効な識別形質となる [5]．

L. sp. を特徴づける体側の黒点については，L. sp. でも個体によっては黒点がほとんどなかったり，まれには黒点の全くない個体も存在する．逆に，L. japonicus でも前述のようなセイゴの黒点型があるので，単純に黒点の有無だけで種を判別するのは難しく，正確な同定のためには前述のような形態形質を詳しく調べる必要がある．

#### 4・2 生態的特徴

食性については，3 種ともに魚類，甲殻類などを主とした肉食性であり，特に *L. latus* では仔稚魚期からその傾向が強いようである [16]．

淡水に対する順応性はこれら 3 種でかなりの相違が認められる．L. sp. では淡水に対する嗜好性がかなり強く，中国の広東省にある西江では河口から 300

～400 km 上流の梧州や桂平まで遡る [17]．また台湾では *L.* sp. が純淡水中で養殖され，淡水中での繁殖も可能である [18-20]．*L. japonicus* も *L.* sp. と同じく淡水に対する嗜好性は強いが，*L.* sp. ほど顕著ではない．それらに対して *L. latus*

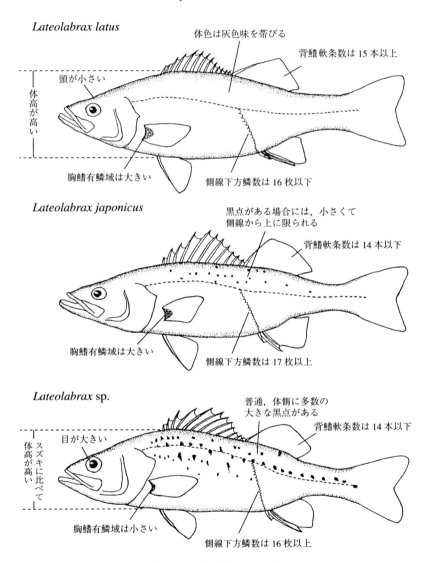

図 10·3　スズキ属 3 種の形態模式図

では淡水に対する嗜好性は弱く，生活域のほとんどは海水域であり，仔稚魚期に河口域に滞留することはあるものの[16]，河川を遡上することは少ない．

　成長に関して，*L. latus* についてはよくわかっていないが，*L. japonicus* と *L.* sp. の間では *L.* sp. の方がかなり成長が卓越することが知られている．天然における *L. japonicus* と *L.* sp. の成長について，日本と中国の文献に基づいて作成したグラフを図 10・4 に示す．これを見ると *L.* sp. の方が明らかに成長が速く，各年齢とも *L.* sp. の方が 10 cm 程度大きい．

　佐藤[25] は，同じ環境条件下で *L. japonicus* と *L.* sp. を長期飼育して成長を比較した結果，*L.* sp. の方が著しく成長が卓越することを報告した．このことから，*L.* sp. の成長が速いのは両種が生息する環境条件の相違によるものではないことが理解される．これは養殖用魚種としては非常に好ましい形質といえるが，*L.* sp. の餌料転換効率が特に優れているというわけではなく，通常の魚類では摂餌活性の低下する冬季にもよく餌を食べることによると推察されている[25]．

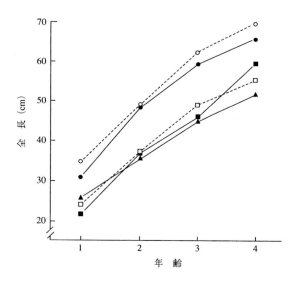

図 10・4　天然における *Lateolabrax japonicus* と *Lateolabrax* sp. の成長．○：中国[21]，●：中国[22]，■：播磨灘[23]，□：房総半島[23]，▲：仙台湾[24]

## 4・3 分　　布

*Lateolabrax latus* は，本州，四国，九州の太平洋側と日本海の西部，さらに朝鮮半島の南海岸にも分布し，*L. japonicus* に比べて資源量はかなり少ないようである．*L. japonicus* よりもやや暖海性で，東京湾から北にはほとんど分布しないようである．

*L. japonicus* は，北海道南部以南の日本列島全域から朝鮮半島南東部の沿岸域に広く分布し，ロシアの沿海州方面にも生息する．主要な分布域は，日本海側では能登半島以南，太平洋側では房総半島以南であり，それより北になると資源量はかなり少なくなる．また，他の 2 種も含めてスズキ属魚類は南西諸島と沖縄には分布しないが，これは珊瑚礁域の環境が本属魚類の生息に適さないものと思われる．

*L. sp.* は，朝鮮半島西岸から黄海，渤海，台湾，香港，海南島の近海まで分布する．Yokogawa and Tajima [26] は台湾産の *L. sp.* を形態的，遺伝的に調べたが，中国産の *L. sp.* とは亜種の水準に近い相違がみられた．また，中国大陸産の地域個体群の間でも同様の大きな遺伝的差異もみられている [27]．*L. sp.* は大陸の沿岸に非常に広範囲に分布することからこのような地域集団もかなり存在する可能性も考えられ，今後の調査研究が必要である．

*L. sp.* と *L. japonicus* の分布域の境界は朝鮮半島南西部と推定され，その付近の海域では両種が同所的に生息している可能性が考えられる．筆者は，朝鮮半島南西部の河東（ハドン）という場所から得られた 30 個体の *Lateorabrax* のアイソザイムを調べたが，それらは *L. japonicus* と遺伝的にほとんど差がなく，また両種間の雑種 $F_1$ も発見されなかった[*1]．このことから，*L. japonicus* と *L. sp.* は生態的に生殖隔離しており，自然の状態では両種は交雑しないか，あるいは雑種をつくったとしてもそれが生殖に関与しないことが推察される．しかし，人工的には雑種は容易に作出され，両種の雌雄いずれの組み合わせの交雑にも成功している[*2]．

なお，最近ではオーストラリアで *L. japonicus* の生息が確認されているが，

---

[*1] 横川浩治，未発表
[*2] W. Lee, S. Yang, E. Kwak, S. Shin, D. Jin, K. Han and J. Shin : 4th Japan-Korea Joint Sympo. Aquacult. Program Absts., p 30.

これは天然分布ではなく，卵稚仔がタンカーのバラスト水によって輸送されて定着したものと考えられている[28]．

## 4・4　種分化

Yokogawa[27] によって調べられたアイソザイム系遺伝子のデータによるスズキ属3種の遺伝的分岐図を図 10・5 に示す．それによれば，今から 220 万年くらい前の鮮新世中期にまず *Lateolabrax latus* がこれら 3 種の共通の祖先種から最初に種分化し，その後，約 90 万年くらい前の更新世前期に *L. japonicus* と *L. sp.* が分かれたことになる．3 種の共通の祖先種から前がどのようなグループとつながってくるのかはいまのところよくわかっていないが，非常に興味深い課題である．

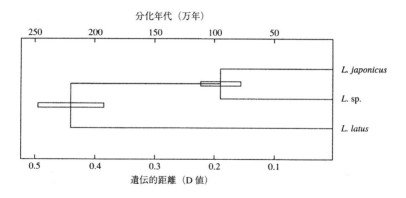

図 10・5　スズキ属 3 種の遺伝的分岐図．白抜きのバーは 95％信頼区間を示す

　前述のように，*L. sp.* が中国大陸沿岸から朝鮮半島にかけて広く分布するのに対して，*L. latus* と *L. japonicus* の分布は日本列島あるいは日本海の沿岸に限られ，これら 2 種が日本近海で種分化した可能性がうかがわれる．日本海では，かつては朝鮮海峡の閉塞により閉鎖的環境であったことが推定されており[29, 30]，特に *L. latus* が分化したのはこの日本海の閉鎖が原因である可能性も考えられる．

　また，100 万年くらい前には東シナ海に巨大な閉鎖水域が形成されたことが推定されていて[31, 32]，*L. japonicus* と *L. sp.* が分化したのはこのような地理

的障壁が原因である可能性も考えられる．特にこの時期の九州西部はかなり複雑な地形だったようで，有明海の集団が隔離されたのも，あるいはこの時期なのかも知れない．

### §5. 外来種による生態的攪乱

日本へは養殖用種苗としてこれまでに夥しい数の *Lateolabrax* sp. が中国から移入されて各地で養殖されているが，養殖生簀が台風などのために壊れて自然海に散逸していることも少なくないようである[33]．

特に愛媛県の南部ではこの *L.* sp. の養殖尾数が多く，そのために散逸した尾数も多いようである．宇和島市の来村（くのむら）川の河口はスズキ狙いのルアー釣りで有名だが，この場所では，数年前までは在来の *L. japonicus* もかなり普通に釣れていたのが，最近ではルアーで釣れるのはほぼ100％が *L.* sp. になってしまっている．この場所にいた在来のスズキはこの外来種に生息場所を奪われてしまった可能性が高く，憂慮すべき事態であるといわざるを得ない．

おわりに，今後の展望として，*Lateolabrax* sp. の分類学的再記載，有明海産および八代海産スズキの生物学的特性の詳細な研究，日本の天然海域で野生化した *L.* sp. の追跡などが重要であると思われる．特に有明海産スズキについては，現在，生態的，生理的なアプローチによってその実体が解明されつつあり，今後の研究の発展が期待される．

### 文　献

1) J. R. Waldman : Systematics of *Morone* (Pisces : Moronidae), with notes on the lower percoids, City University of New York, 1986, 150pp.

2) J. S. Nelson : Fishes of the world, 3rd ed., John Wiley & Sons, Inc., 1994, xvii+600 pp.

3) P. Bleeker : *Verh. Batav. Genootsch. Kunst. Wet.*, 26, 1-132, 8 pls. (1854-57).

4) M. Katayama : *Japan. J. Ichthyol.*, 6, 153-159 (1957).

5) K. Yokogawa and S. Seki : *Jpn. J. Ichthyol.*, 41, 437-445 (1995).

6) 中山耕至・木下　泉・青海忠久・中坊徹次・田中　克：魚雑, 43：13-20 (1996).

7) K. Yokogawa, N. Taniguchi and S. Seki : *Ichthyol. Res.*, 44, 51-60 (1997).

8) M. Nei : *Amer. Nat.*, 106, 283-292 (1972).

9) I. Kinoshita, S. Fujita, I. Takahashi, K. Azuma, T. Noichi and M. Tanaka : *Jpn. J. Ichthyol.*, 42, 165-171 (1995).

10) 鎌田泰彦：第21章　有明海，I 地質，日本

全国沿岸海洋誌（日本海洋学会沿岸海洋研究部会編），東海大学出版会，1985, pp.815-830.

11) 飯塚昭二：第 22 章 大村湾，I 地質，日本全国沿岸海洋誌（日本海洋学会沿岸海洋研究部会編），東海大学出版会，1985, pp.879-884.

12) 横川浩治：水産育種，**22**, 67-75（1995）.

13) 大羽　滋：集団の遺伝，東京大学出版会，1977, 164pp.

14) M. Katayama: Fauna Japonica, Serranidae, Biogeogr. Soc. Japan, 1960, viii+189 pp., 86pls.

15) M. Katayama : *Bull. Fac. Edu. Yamaguchi Univ.*, (9), 63-96 (1960).

16) S. Fujita, I. Kinoshita, I. Takahashi, K. Azuma : *Jpn. J. Ichthyol.*, **35**, 365-370 (1988).

17) C. Zheng, eds. : Fishes of Zhujiang, Science Press, 1989, xxviii+642pp.

18) H. Tang : *Bull. Taiwan Fish. Res. Inst.*, **38**, 65-70 (1985).

19) C. Huang and H. Tang : *Bull. Taiwan Fish. Res. Inst.*, **44**, 77-84 (1988).

20) C. Huang and H. Tang : *Bull. Taiwan Fish. Res. Inst.*, **48**, 107-114 (1990).

21) X. Wu, G. Yang, P. Le and H. Huang, eds.: Economical animals in China, Fresh-water fishes. Science Press, 1979, vi+153 pp.

22) C. Liu and K. Qin: Fauna Liaoningica, pisces, Liaoning Sci. Tech. Press, 1987, 20+552 pp.

23) 安田秀明・小池　篤：日水誌，**16**, 256-258（1950）.

24) 小坂昌也：東海大海紀要，**3**, 67-85（1969）.

25) 佐藤公一：大分水試調研報，**16**, 36-43（1996）.

26) K. Yokogawa and T. Tajima : *Fisheries Sci.*, **62**, 361-366（1996）.

27) K. Yokogawa : *Suisanzoshoku*, **46**, 315-320（1998）.

28) J. R. Paxton and D. F. Hoese : *Jpn. J. Ichthyol.*, **31**, 369-372（1985）.

29) 粕野義夫：日本海の謎，築地書館，1975, iii+189 pp.

30) 粕野義夫：福井県大論集，**4**, 25-32（1994）.

31) 木崎甲子郎・大城逸朗：海洋科学，**9**, 542-549（1977）.

32) 木村政昭：音波探査からみた琉球弧の第四紀陸橋．中川久夫教授退官記念地質学論文集，1991, pp.109-117.

33) 横川浩治・末友浩一・村上健一・澁谷竜太郎・関　伸吾・辻野耕實・宮川昌志：魚雑，**43**, 31-37（1996）.

# 11. 有明海個体群の内部構造

中 山 耕 至 *

　スズキ属のなかで，スズキ *Lateolabrax japonicus* は日本沿岸と朝鮮半島南岸に，タイリクスズキ（中国産スズキ）*L. sp.* は朝鮮半島西岸から中国沿岸にとほぼ側所的に分布する．タイリクスズキは体側に多数の黒点をもつが，スズキはもたないなど両種は形態的に異なり，またアロザイムなど遺伝的な特徴でも識別される [1, 2]．しかし，スズキの分布範囲内の九州有明海には，体側に小黒点をもつなどタイリクスズキ的な特徴を示す個体が存在することが知られており，Yokogawa ら [3] はアロザイムのデータより，この有明海の個体群はスズキとタイリクスズキとの間の移入交雑の産物であると考察した．

　しかし，有明海個体群の中には，個体発生初期に河川に遡上し淡水〜汽水域を成育場とするグループと，海域の砕波帯を成育場とするグループとがいる [4] など生態的な多様性が知られており，この個体群が複数の異質な下位個体群から構成されている可能性もあると考えられる．本章では，複数の遺伝的情報により有明海個体群の雑種性を検証したうえで，有明海内部での個体群構造について考察する．

## §1. 有明海個体群の雑種性の検証

### 1・1 ミトコンドリア DNA による分析

　ミトコンドリア DNA（mtDNA）は核 DNA に比べはるかにコンパクトであり，また通常 1 個体には 1 種類の mtDNA しかなく，しかも 1 細胞中に数千から数万コピー存在するなど実験上扱いやすい性質をもっている．特に mtDNA の中でも調節領域と呼ばれる部分は進化速度が速く，動物の個体群構造の研究に多用されている [5]．

　この部分の塩基配列を用い，スズキ，タイリクスズキ，有明海産スズキの系統樹を作成した．有明海産スズキとしては，有明海湾奥部に流入する筑後川の

＊ 京都大学農学研究科

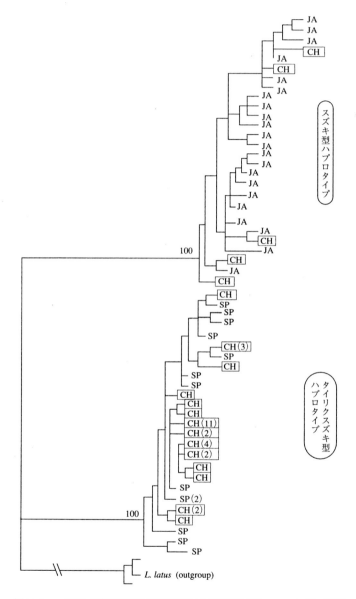

図11·1　mtDNA 調節領域前半の塩基配列による近隣結合樹．JA：スズキ　CH ：
　　　　有明海産スズキ（筑後川）SP：タイリクスズキ，カッコ内は個体数（中
　　　　山 [5）] を改変)

淡水域で春期に採集された稚魚を用いた.

　系統樹は大きく 2 つのクラスターに分かれ, 1 つめのクラスターにはスズキの全個体が, 2 つめのクラスターにはタイリクスズキの全個体が含まれた. それに対し, 有明海奥部に注ぐ筑後川で採集されたスズキは, 1 つのクラスターにまとまることはなく, スズキのクラスターとタイリクスズキのクラスターとの両方に分散して含まれた (図 11·1). 有明海産スズキのうち, タイリクスズキのクラスターに含まれるものは 87.5％であった. この結果は, 有明海産スズキが交雑由来の集団であることを強く示唆している. しかし, mtDNA は母系遺伝であり, ある個体が両親種由来の要素を併せもつということが起こり得ないため, 個体レベルで交雑由来かどうかを確認することはできなかった.

## 1·2　AFLP 法による分析

　AFLP 法[7]は, 全ゲノム DNA を制限酵素により消化し, その後 DNA 断片を PCR 法によって選択的に増幅してフィンガープリント像を得る手法である. ゲノム全体にわたる精度の高い情報を比較的簡便に得られる手法として, 近年個体群構造の研究に利用されるようになってきた[8-10]. この手法を用いて核 DNA を詳しく調べ, 有明海産スズキの雑種性を検証した.

　AFLP 法によりスズキだけがもつ DNA 断片 (スズキマーカー) およびタイリクスズキだけがもつ DNA 断片 (タイリクスズキマーカー) を探索したところ, 前者については 14 種, 後者では 12 種を見出すことができた. 有明海産スズキ (筑後川で採集されたもの：mtDNA の分析と同じ) では, すべての個体がスズキマーカーとタイリクスズキマーカーを併せもっており, その混合割合は個体ごとに異なっていた (表 11·1). 表の中で, スズキ由来の遺伝的要素と考えられる部分 (スズキマーカーが有る, またはタイリクスズキマーカーが無い) には 1 点, タイリクスズキ由来の遺伝的要素 (スズキマーカーが無い, またはタイリクスズキマーカーが有る) には 0 点を与え, 各個体ごとに点数を合計することにより個体ごとの交雑度合いの指標となる Hybrid Index (HI)[11]を算出したところ, HI の値はタイリクスズキでは 0～2 (平均±標準偏差：0.2±0.6), スズキでは 24～26 (25.4±0.8) となった. 有明海産スズキはその中間の 4～21 (12.3±3.4) となり, タイリクスズキまたはスズキの値の範囲内に含まれる個体は認められなかった (図 11·2). また, 有明海産スズキの各個体

の HI の値と，その個体のもつ mtDNA のタイプとの間には関連は認められな
かった．これらのことは，有明海産スズキの各個体が，スズキとタイリクスズ
キの間の交雑に由来することを明瞭に示している．

　有明海はタイリクスズキの分布域とは隔たっているため，現在ではスズキと

表 11・1　AFLP 法でのマーカー組成（抜粋）. 最上段は個体番号（SP：タイリクスズキ　CH：有明海産
　　　　　表中の 1 はそのマーカーを保有することを，0 は保有しないことを示す（中山 5) を改変）.

| | プライマーセット | サイズ(bp) | SP01 | SP02 | SP03 | SP04 | SP05 | CH21 | CH22 | CH23 | CH24 | CH25 | CH26 | CH27 | CH28 |
|---|---|---|---|---|---|---|---|---|---|---|---|---|---|---|---|
| | | | | タイリクスズキ | | | | | | | 有明海産スズキ | | | | |
| タイリクスズキマーカー | ACA / CTT | 352.4 | 1 | 1 | 1 | 1 | 1 | 1 | 1 | 1 | 1 | 1 | 0 | 0 | 1 |
| | AAG / CAT | 80.9 | 1 | 1 | 1 | 1 | 1 | 1 | 1 | 1 | 1 | 1 | 1 | 1 | 1 |
| | | 205.2 | 1 | 1 | 1 | 1 | 1 | 1 | 1 | 1 | 1 | 1 | 1 | 0 | 0 |
| | | 278.8 | 1 | 1 | 1 | 1 | 1 | 1 | 1 | 1 | 1 | 1 | 1 | 0 | 0 |
| | AAC / CTG | 119.7 | 1 | 1 | 1 | 1 | 1 | 1 | 0 | 1 | 0 | 1 | 0 | 1 | 0 |
| | | 197.2 | 1 | 1 | 1 | 0 | 1 | 1 | 0 | 1 | 1 | 1 | 1 | 1 | 0 |
| | | 231 | 1 | 1 | 1 | 1 | 1 | 1 | 1 | 1 | 0 | 1 | 1 | 0 | 0 |
| | AGG / CTT | 186.6 | 1 | 1 | 1 | 1 | 1 | 0 | 1 | 1 | 0 | 1 | 1 | 1 | 1 |
| | | 309.2 | 1 | 1 | 1 | 1 | 1 | 1 | 0 | 1 | 0 | 1 | 1 | 1 | 1 |
| | AGC/CTT | 250.2 | 1 | 1 | 1 | 1 | 1 | 1 | 0 | 1 | 1 | 1 | 1 | 0 | 1 |
| | | 267.9 | 1 | 1 | 1 | 1 | 1 | 1 | 1 | 1 | 0 | 1 | 1 | 1 | 1 |
| | | 290.8 | 1 | 1 | 1 | 1 | 1 | 1 | 0 | 1 | 1 | 1 | 1 | 0 | 1 |
| スズキマーカー | ACA/CTT | 103.3 | 0 | 0 | 0 | 0 | 0 | 0 | 1 | 0 | 1 | 0 | 1 | 1 | 1 |
| | | 369.2 | 0 | 0 | 0 | 0 | 0 | 0 | 1 | 0 | 1 | 1 | 1 | 1 | 1 |
| | AAG/CAT | 81.8 | 0 | 0 | 0 | 0 | 0 | 1 | 1 | 0 | 0 | 0 | 1 | 1 | 1 |
| | | 85.7 | 0 | 0 | 0 | 0 | 0 | 1 | 1 | 1 | 1 | 0 | 1 | 1 | 1 |
| | | 204.1 | 0 | 0 | 0 | 0 | 0 | 0 | 1 | 1 | 0 | 0 | 1 | 1 | 1 |
| | | 326.3 | 0 | 0 | 0 | 0 | 0 | 1 | 0 | 1 | 0 | 0 | 1 | 1 | 1 |
| | | 387 | 0 | 0 | 0 | 0 | 0 | 1 | 1 | 1 | 1 | 1 | 1 | 1 | 1 |
| | AAC/CTG | 203.1 | 0 | 0 | 0 | 0 | 0 | 1 | 0 | 0 | 1 | 0 | 0 | 1 | 1 |
| | | 241 | 0 | 0 | 0 | 0 | 0 | 1 | 1 | 1 | 1 | 1 | 1 | 1 | 1 |
| | | 275.2 | 0 | 0 | 0 | 0 | 0 | 1 | 1 | 1 | 1 | 0 | 0 | 1 | 1 |
| | AGG/CTT | 185.3 | 0 | 0 | 0 | 0 | 0 | 1 | 1 | 0 | 1 | 0 | 0 | 1 | 1 |
| | | 218.7 | 0 | 0 | 0 | 0 | 0 | 1 | 1 | 0 | 0 | 0 | 1 | 1 | 0 |
| | | 221.2 | 0 | 0 | 0 | 0 | 0 | 1 | 0 | 0 | 0 | 0 | 0 | 1 | 1 |
| | AGC/CTT | 243.3 | 0 | 0 | 0 | 0 | 0 | 1 | 1 | 0 | 0 | 1 | 0 | 1 | 1 |
| | mtDNAハプロタイプ | | SP | SP | SP | SP | SP | SP | SP | SP | SP | SP | SP | SP | JA |
| | Hybrid Index | | 0 | 0 | 0 | 1 | 0 | 12 | 16 | 6 | 13 | 4 | 11 | 20 | 18 |

タイリクスズキの間で交雑は起こっていないと考えられる．したがって，有明海産スズキに認められるタイリクスズキの遺伝的影響は，大陸と日本列島とが地理的に連絡することがあった最終氷期以前にさかのぼる，歴史の古いものと思われる．

スズキ（筑後川）JA：スズキ）．プライマーセットの名称は Eco RI プライマー / Mse I プライマー．

| （筑後川） | | | | | | | | | | | | スズキ | | | | |
|---|---|---|---|---|---|---|---|---|---|---|---|---|---|---|---|---|
| CH29 | CH30 | CH31 | CH32 | CH33 | CH34 | CH35 | CH36 | CH37 | CH38 | CH39 | CH40 | JA01 | JA02 | JA03 | JA04 | JA05 |
| 1 | 1 | 0 | 1 | 1 | 1 | 1 | 0 | 1 | 1 | 1 | 1 | 0 | 0 | 0 | 0 | 0 |
| 1 | 1 | 1 | 1 | 1 | 1 | 1 | 1 | 1 | 1 | 1 | 1 | 0 | 0 | 0 | 0 | 0 |
| 0 | 1 | 1 | 0 | 1 | 1 | 1 | 1 | 1 | 1 | 1 | 1 | 0 | 0 | 0 | 0 | 0 |
| 0 | 1 | 1 | 1 | 1 | 1 | 1 | 1 | 0 | 0 | 1 | 1 | 0 | 0 | 0 | 0 | 0 |
| 1 | 1 | 0 | 1 | 0 | 1 | 1 | 0 | 0 | 0 | 0 | 1 | 0 | 0 | 0 | 0 | 0 |
| 0 | 0 | 1 | 0 | 1 | 1 | 1 | 1 | 0 | 0 | 0 | 1 | 0 | 0 | 0 | 0 | 0 |
| 0 | 1 | 1 | 1 | 1 | 1 | 1 | 1 | 1 | 1 | 1 | 1 | 0 | 0 | 0 | 1 | 0 |
| 1 | 1 | 1 | 1 | 1 | 1 | 1 | 1 | 1 | 1 | 1 | 1 | 0 | 0 | 0 | 0 | 0 |
| 0 | 1 | 1 | 1 | 1 | 1 | 1 | 1 | 1 | 1 | 1 | 1 | 1 | 0 | 0 | 0 | 0 |
| 1 | 0 | 1 | 1 | 1 | 1 | 1 | 1 | 1 | 1 | 1 | 1 | 0 | 0 | 0 | 0 | 0 |
| 1 | 1 | 1 | 1 | 1 | 1 | 1 | 1 | 1 | 1 | 1 | 1 | 0 | 0 | 0 | 0 | 0 |
| 0 | 1 | 1 | 1 | 1 | 0 | 0 | 1 | 1 | 1 | 1 | 1 | 0 | 0 | 0 | 0 | 0 |
| 1 | 1 | 1 | 1 | 1 | 1 | 1 | 1 | 1 | 1 | 1 | 1 | 1 | 1 | 1 | 1 | 1 |
| 1 | 1 | 1 | 0 | 0 | 1 | 1 | 1 | 1 | 0 | 1 | 1 | 1 | 1 | 1 | 1 | 1 |
| 1 | 0 | 1 | 0 | 0 | 0 | 0 | 0 | 0 | 1 | 1 | 1 | 1 | 1 | 1 | 1 | 1 |
| 1 | 0 | 0 | 0 | 0 | 0 | 0 | 1 | 1 | 1 | 1 | 1 | 1 | 1 | 1 | 1 | 1 |
| 1 | 0 | 1 | 1 | 1 | 0 | 1 | 1 | 1 | 1 | 0 | 1 | 1 | 1 | 1 | 1 | 1 |
| 1 | 1 | 0 | 1 | 0 | 1 | 0 | 0 | 0 | 1 | 0 | 1 | 1 | 1 | 1 | 1 | 1 |
| 0 | 1 | 1 | 0 | 1 | 1 | 1 | 1 | 1 | 1 | 0 | 1 | 1 | 1 | 1 | 1 | 1 |
| 1 | 1 | 1 | 1 | 0 | 1 | 1 | 0 | 0 | 1 | 1 | 0 | 1 | 1 | 1 | 1 | 1 |
| 1 | 1 | 1 | 1 | 1 | 1 | 1 | 1 | 1 | 1 | 1 | 1 | 1 | 1 | 1 | 1 | 1 |
| 1 | 0 | 0 | 0 | 1 | 1 | 1 | 0 | 1 | 0 | 1 | 1 | 1 | 1 | 1 | 1 | 1 |
| 0 | 1 | 1 | 1 | 1 | 1 | 1 | 1 | 1 | 1 | 1 | 1 | 1 | 1 | 1 | 1 | 1 |
| 0 | 1 | 1 | 0 | 1 | 1 | 0 | 1 | 1 | 0 | 1 | 1 | 1 | 1 | 1 | 1 | 1 |
| 0 | 0 | 0 | 1 | 1 | 0 | 0 | 0 | 1 | 0 | 1 | 0 | 1 | 1 | 1 | 1 | 1 |
| 0 | 1 | 1 | 1 | 0 | 1 | 0 | 1 | 1 | 0 | 1 | 0 | 1 | 1 | 1 | 1 | 1 |
| SP | SP | SP | SP | SP | SP | SP | SP | JA | SP | SP | SP | JA | JA | JA | JA | JA |
| 15 | 10 | 12 | 10 | 9 | 11 | 9 | 12 | 13 | 13 | 12 | 11 | 25 | 26 | 26 | 25 | 26 |

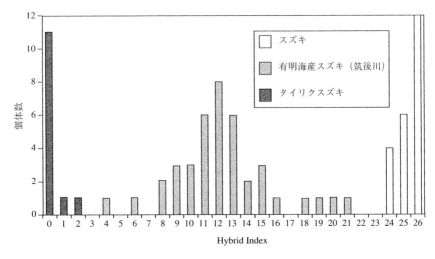

図11·2　スズキ，有明海産スズキおよびタイリクスズキの Hybrid Index の分布 [5]

## §2. 有明海内部での個体群構造

　有明海奥部の筑後川河口域においては，1980年代初期から継続的に稚魚網による採集調査が行われており，スズキの初期生態に関する知見の蓄積が進んでいる [12-15]．これらの研究によって，有明海のスズキは稚魚への移行期前後に集団的に河川を遡上するという特徴をもつことが明らかとなった [16]．しかし，近年の研究では，有明海の中に河川に遡上することなく干潟域を成育場とするスズキも多数存在することが確かめられ [4, 17]，遡上群と非遡上群とはどのような関係にあるのかという疑問が現れてきた．両者は同一の個体群なのか，それとも異なる個体群なのか．また，同一個体群だとすれば，個体ごとの遡上する／しないは偶然に決定されるのか，それとも何らかの振り分け要因が存在するのか．

　この疑問を解明する手がかりを得るため，有明海周辺の各地域で採集された稚魚について遺伝的特徴を分析した．

### 2·1　1998 年の結果

　有明海内部と周辺海域での全体像をつかむために，1998 年春に筑後川淡水域で採集された稚魚（§1で用いたものの一部）と，有明海中央部の福岡県大

牟田市地先および長崎県小長井町地先の干潟域で採集された稚魚, さらに近隣海域である八代海の熊本県三角町および玄界灘の佐賀県唐津市で採集された稚魚ないし未成魚を分析した.

その結果, 筑後川だけではなく, 有明海中央部や八代海で採集されるスズキ稚魚においてもタイリクスズキの遺伝的影響が明らかとなった. しかし, その程度は筑後川のサンプルよりも有意に低く, タイリクスズキ型の mtDNA をもつ個体の割合は 23.3〜40.0%, 平均 HI は 20.1〜22.3 であった (図 11·3). 唐津市においてはタイリクスズキの影響はほとんど認められなかった.

筑後川と, その他の有明海・八代海のサンプルの遺伝的特徴に大きな差異があることの説明としては, 主に以下の3つが考えられる.

a) 筑後川を中心とする有明海奥部には交雑個体群のみが分布し, 有明海中央部や八代海では交雑個体群に普通のスズキが混じって採集されている.

b) 有明海周辺全域に交雑個体群が分布しているが, タイリクスズキ由来の遺伝的要素を多くもつ個体 (HI の低い個体) だけが選択的に河川に遡上し, スズキ由来の遺伝的要素を多くもつ個体 (HI の高い個体) は海域に残留するために, 筑後川とその他の採集点では遺伝的特徴に差異が生じている.

c) 有明海周辺に, 遺伝的特徴の異なる下位個体群が複数存在している. 一つは稚魚期に筑後川など有明海奥部を中心に分布するタイリクスズキの遺伝的影響の強い下位個体群であり, もう一つは有明海中央部および八代海に分布するタイリクスズキの遺伝的影響の弱い下位個体群である.

a の場合, 大牟田市や小長井町, 八代海三角町のサンプルの HI 分布は, 筑後川のサンプルの HI 分布と普通のスズキの HI 分布を合成した2峰型になり, 両者を分離することは容易と考えられるが, 実際にはそれらの HI は 20〜21 を中心にまとまって分布しており, 分離することはできなかった (図 11·3). さらに, HI の値が 24 以上であり, 普通のスズキの範囲に含まれるにもかかわらず mtDNA がタイリクスズキ型である個体も認められた. したがって, a の可能性は低いと考えられる.

b の仮説では, 筑後川のサンプルとその他のサンプルとの間で HI の値 (主に核 DNA の遺伝的特徴) に差異があることは説明できる. しかし, mtDNA はコードしている遺伝子数が核 DNA に比べて圧倒的に少なく, 基本的には個

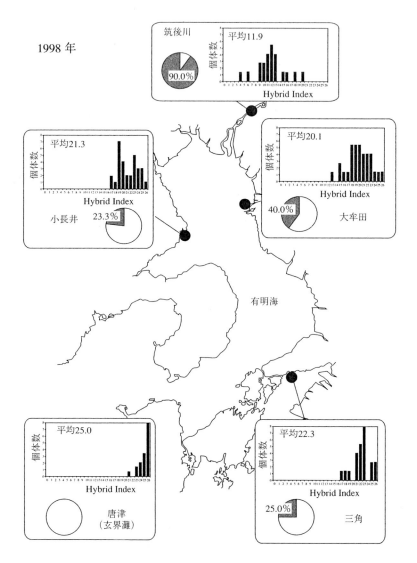

図11・3　筑後川，大牟田，小長井，三角および唐津サンプルの遺伝学的特徴．円グラフは各 mtDNA ハプロタイプ型のサンプル中での頻度．黒色：タイリクスズキ型ハプロタイプ　白色：スズキ型ハプロタイプ．ヒストグラムは AFLP 分析における Hybrid Index の分布（中山[5]を改変）

体の行動を左右することはないと考えられるため，mtDNA の型の比率において
も大きな差異があることを説明するのは難しい．

　したがって，この場合，c の仮説が最も確からしいと考えられる．つまり，
大牟田市や小長井町，八代海の三角町で採集されたスズキは，タイリクスズキ
の遺伝的影響は低いもののやはり交雑に由来するものであり，筑後川に遡上す
るものとは別個の下位個体群ではないかと推定される．

　しかし，次年度以降も継続して調査・分析を行ったところ，各下位個体群は
必ずしも明瞭に稚魚期の成育場を分けているわけではないことが明らかとなっ
てきた．

## 2・2　1999 年・2000 年の結果

　1999 年・2000 年については，長崎県島原市，熊本県熊本市においても稚魚
サンプルを採取し，分析地点を有明海内の 5ヶ所および八代海の三角町とした．
分析は mtDNA についてのみ行った．

　結果は 1998 年度とは異なり，筑後川に遡上したものと干潟域で採集された
ものとの差異は明瞭ではなかった．筑後川に遡上したものの多く（85.0〜90.0％）
がタイリクスズキ型の mtDNA をもち，反対に八代海の三角町では少ない
（10.0〜20.0％）ことは 1998 年と同様であるが，長崎県小長井町，福岡県大
牟田市では 1998 年よりもタイリクスズキ型の mtDNA をもつ個体の割合が増
え，筑後川のサンプルとの間で頻度に有意差は認められなかった．全体として
は，筑後川を中心とする有明海奥部ではタイリクスズキの遺伝的影響が強く，
湾口部および八代海に近づくにつれ低くなるという傾向を示した（図 11・4）．

　この結果からは，筑後川および有明海奥部にはタイリクスズキの遺伝的影響
を強く残している下位個体群，八代海にはタイリクスズキの影響が比較的弱い
下位個体群が分布し，有明海の中央部ではそれらが混合しているということが
推察される．したがって，この海域に複数の下位個体群が存在するとしても，
それらは稚魚期に河川に遡上する群／遡上しないで干潟域で成育する群に完全
に対応するわけではないことが考えられる．つまり，河川（筑後川）に遡上す
るかどうかの決定は，個体群レベルと個体レベルの両方で二段階に行われてい
るのではないだろうか．

136

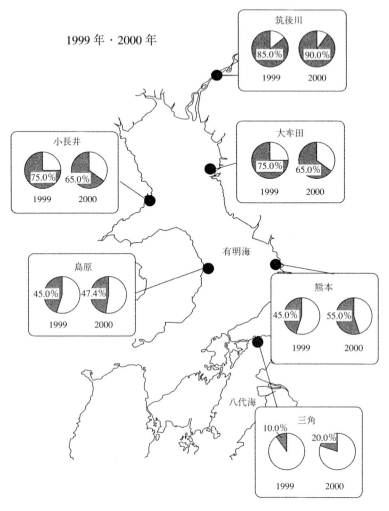

図11·4　筑後川，大牟田，小長井，島原，熊本および三角サンプルの mtDNA ハプロ
タイプの頻度．凡例は図 11·3 参照．左側が 1999年，右側が 2000 年の結果
（中山ら，未発表）

## §3. 有明海産スズキの再生産構造

　上記のように，有明海とその周辺には交雑由来である複数の下位個体群が存
在する可能性があるが，海産魚ではこのような狭い（有明海の面積は約1,700

km², 八代海は約 1,400 km²）海域に複数の個体群が独立的に維持されるのは
希な例であると思われ，今後，再生産構造に関する詳細な研究によって検証し
ていく必要性があると考えられる．これまで対象としたのは主に稚魚期の分布
であり，成長して成育場を離れた後の行動についてはほとんどわかっていない．
そこで，再生産構造を明らかにするために，まず産卵場に集まる親魚について
調べてみた．

　有明海におけるスズキの主産卵場は，長崎県島原市沖と推定されている [18]．
この海域で 1997 年 12 月に採集された産卵親魚（これは 1998 年春に採集され
た稚魚の親にあたる）の遺伝的特徴を調べたところ，mtDNA においても核
DNA においても筑後川で採集されたサンプルに近い値を示した（図 11・3，図
11・5）．したがって，島原市沖は，筑後川および有明海奥部に分布する下位個
体群の産卵場であると考えられる．2000 年～2001 年の産卵期からは，島原市
沖から有明海奥部にかけてスズキ卵および浮遊期仔魚を対象とした調査が京都
大学によって開始されており，今後産卵場からの分散や各成育場への加入過程
が明らかにされていくものと期待される．

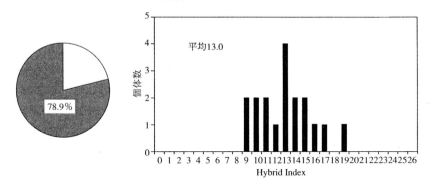

図 11・5　島原市沖で採集されたスズキ産卵親魚の遺伝学的特徴 [5]．凡例は図 11・3 参照

　しかし，八代海を中心に分布する下位個体群の再生産過程については未だほ
とんど知見がない．八代海由来の卵仔魚がどこからどのように分散していくの
か，有明海内の成育場に加入することは現実に可能なのか，また有明海内に進
入しているとすればそれらは成熟時に回帰回遊するのかどうかなど，明らかに
すべき課題は数多く残されている．

有明海は，筑後川河口周辺など湾奥部では濁度が高く（浮泥量が最大で2 kg /m³）[19]，干潮時には広大な泥質干潟が出現するなど，タイリクスズキの自然分布域である黄河河口や揚子江河口などに近い環境条件をもっている．一方，島原半島沿岸など湾口寄りでは，大規模な干潟は形成されず，濁度も低い．また，有明海は湾全体が河口とも呼びうるような海域であり[19]，河川流量の変化に応じて湾内の環境は大きく変動する．このような非常に多様性の高い環境を備える有明海において，交雑由来の個体群はそのタイリクスズキ譲りの性質と，大きな遺伝的分散に支えられた柔軟な生活史によってうまく生き延びてきたのかもしれない．

## 文　献

1 ) 中坊徹次：タイリクスズキ（新称）*Lateolabrax* sp.，新さかな大図鑑（小西英人編），週刊釣りサンデー社，1995，pp.304-305.

2 ) K. Yokogawa and S. Seki : *Jpn. J. Ichthyol.*, **41**, 437-445 （1995）.

3 ) K. Yokogawa, N. Taniguchi, and S. Seki : *Ichthyol. Res.*, **44**, 51-60（1997）.

4 ) 日比野　学：有明海産スズキの初期生活史にみられる多様性，スズキと生物多様性－水産資源生物学の新展開（田中　克・木下　泉編），恒星社厚生閣，2002，pp.65-78.

5 ) J. C. Avise : Molecular markers, natural history and evolution, Chapman&Hall, 1994, pp.60-68.

6 ) 中山耕至：有明海産スズキ個体群の起源に関する分子遺伝学的研究，学位論文，京都大学，2000，96pp.

7 ) P. Vos, R. Hogers, M. Bleeker, M. Reijans, T. Van de Lee, M. Hornes, A. Fritjers, J. Pot, J. Peleman, M. Kuiper, and M. Zabeau : *Nucleic Acids Res.*, **23**, 4407-4414（1995）.

8 ) 石川智士：オオウナギの集団構造に関する分子遺伝学的研究，学位論文，東京大学，1998，156pp.

9 ) S. Shingo, J. J. Agresti, G. A. E. Gall, N. Taniguchi, and B. May : *Fisheries Sci.*, **65**, 888-892（1999）.

10 ) Y. Suyama, K. Obayashi, and I. Hayashi : *Mol. Ecol.*, **9**, 901-906（2000）.

11 ) E. Mayr and P. D. Ashlock : Principles of systematic zoology, McGraw-Hill, 1991, pp.93-96.

12 ) 松宮義晴・上乃薗修一・田中　克・代田昭彦・山下輝昌：水産海洋研究，**37**，6-13（1981）.

13 ) Y. Matsumiya, T. Mitani, and M. Tanaka : *Bull. Japan. Soc. Sci. Fish.*, **48**, 129-138（1982）.

14 ) Y. Matsumiya, H. Masumoto, and M. Tanaka : *Bull. Japan. Soc. Sci. Fish.*, **51**, 1955-1961（1985）.

15 ) 日比野　学・上田拓史・田中　克：日水誌，**65**，1062-1068（1999）.

16 ) 田中　克：川を遡る有明海のスズキ稚魚，稚魚の自然史（千田哲資・南　卓志・木下　泉編），北海道大学図書刊行会，2001，pp.210-221.

17 ) 太田太郎：耳石による回遊履歴追跡，スズキと生物多様性－水産資源生物学の新展開（田中　克・木下　泉編），恒星社厚生閣，

2002，pp.91-102.

18）近藤静磨・曾根元徳・渡辺昭二：昭和49
　年度福岡県有明水産試験場事業報告書，

126-136（1976）.

19）代田昭彦：海洋科学，12，127-137（1980）.

# 12. スズキ類の河口域依存性と生活史の進化

D. H. Secor [*1]・田　中　克 [*2]

　ストライプドバス *Morone saxatilis*（Moronidae）とスズキ *Lateolabrax japonicus*（Percichthyidae）は，北西大西洋（北米東岸）沿岸域と北西太平洋（日本・韓国・中国）沿岸域を代表する漁業上重要な魚類である（図 12・1）．両種は外観や食味も類似し，ストライプドバスは"アメリカのスズキ"と呼び得る存在である．これらの 2 種にヨーロッパスズキ *Morone labrax*（*Dicentrarchus labrax*）を加えると北半球におけるスズキ類の代表種をカバーすることができる．これら 3 種は分類学的に近縁であり，沿岸域を生息場とし，漁業生産を支えている（図 12・2）．外観以上に 3 種の形態学的類似性は高く，魚類学者はスズキ型魚類の中では原始的なグループに位置づけられるスズキ類の類縁関係をこれまでいろいろな角度から論議してきた．現在進められている分子遺伝学的な解析が最終的にはより確実な進化的な類縁関係に答を出すと期待されている．このようにこれらのスズキ類は分類学上近縁であり，その生息環境もよく似ているため，生理学的ならびに生態学的な比較生活史研究の素材としても興味深い．

　本章では，筆者らはまず 3 種の系統類縁関係，分布，生活史ならびに生態の概要を述べる．スズキ類の生活史の根底にある生態的共通性は河口域依存性であるが，その中味は種間で，また種内の個体群間で変異する．3 種の多様化した生活史より，筆者らはストライプドバスの遡河回遊性や北米産の他の *Morone* 属魚類の淡水依存性は，現時点では，スズキやヨーロッパスズキにみられる偶発的な両側回遊性に由来するのではないかと考えている．

## §1. 生物地理と系統類縁関係

　成魚の特徴や初期生活史の特性をもとに，Johnson [1] は，*Morone* 属と

*1 メリーランド大学チェサピーク生物学研究所
*2 京都大学大学院農学研究科

*Lateolabrax* 属および *Siniperca* 属には共通点が少ないとした．この再検討までは，Gosline [2) がこれらの属を多系統の科 Percichthyidae に含めていた．Waldman [3) は *Morone* 属についてさらに詳細な形態計測的分析を行い，*Lateolabrax* 属は Moronidae に含まれるが，*Siniperca* は含めるべきではないとの結論を得た．しかし，同時に *Morone*, *Lateolabrax* と *Perca*（Percidae）は異なった科のメンバーであるにもかかわらず，分類学的には極めて強い関係にある可能性を述べている．これらは伸張した上後頭骨突起の存在と前鰓蓋骨ならびに鱗にみられる共通の特徴に基づいている．McCully [4) による初期の系統類縁関係の研究では，Moronidae, Percidae ならびに Lateolabracidae に含まれる全ての属は単系統とされている．形態分類学的データから推定される強い類縁性が，現在進められつつあるスズキ類の分子系統解析（中山ら，未発表）によってどのように関係づけられるか興味深い．

　ここで取り上げた 3 種のスズキ類が大西洋と太平洋という海盆によって分かれて分布していることは注目に値する．ウナギ科（Anguillidae）の系統発生にも同様な問題がみられる．どのような歴史的な類縁関係や分布パターンが今日の全地球的規模での種の分布をもたらしたのであろうか．白亜紀後期にさかのぼる化石の記録をもとに，Tsukamoto and Aoyama [5) はテーチス海の存在がウナギ属魚類の太平洋，インド洋，大西洋への分布の広がりをもたらしたとの考えを提案している．同様の説明が Moronidae 内の過去の分散や種分化についても適用できるかもしれない．Nolf and Stringer [6) は Moronidae の耳石の化石が北米において白亜紀後期の砂岩堆積層から出ることを報告している．したがって，もし 3 種のスズキ類が単系統であり，それらの類縁関係が十分に古いものであれば，テーチス海の浅海域を通じて分散し，今日の北半球の大洋に広がった分布をもたらしたとの推論が可能となろう．

## §2. 生活史と生態特性

　3 種のスズキはいずれも大型であり，河口域や沿岸生態系の食物連鎖の頂点に位置する．各種の個体群は広い緯度的分布を示し，重要な漁業資源となっている（図 12・1，12・2）．スズキとヨーロッパスズキは沿岸の海域で産卵し，仔魚は内湾や河口域の成育場に輸送される [7-9)．成長した稚魚や成魚は，季節

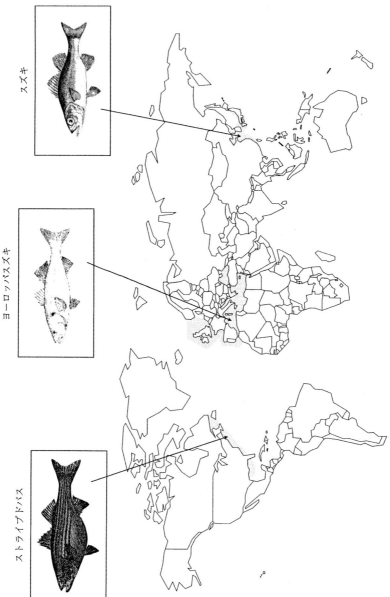

図12・1 主要なスズキ類3種. スズキ *Lateolabrax japonicus*, ヨーロッパスズキ *Morone labrax* およびストライプドバス *Morone saxatilis* の分布. この図ではスズキの分布範囲の中にタイリクスズキ *Lateolabrax* sp. を含めている.

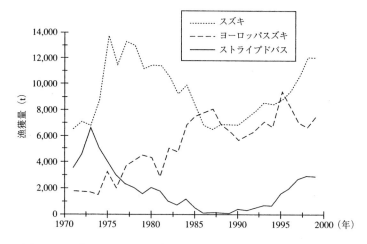

図12·2　スズキ，ヨーロッパスズキおよびストライプドバスの水揚量．データは
　　　　FAO（世界食糧農業機構）による

的に河口域と沿岸域の深みの間を回遊する．両種ともに時には淡水の感潮域を
利用する．このような河口域や淡水域の利用状態より，両種は偶発的に両側回
遊的生態を示す種とみなすことができる．これらとは対照的な遡河回遊性を示
すストライプドバスとスズキに代表される両側回遊的な種間にみられる異なっ
た生活史パターンは，おそらく初期生活史特性や再生産様式の相違に深く関連
しているのであろう．スズキとヨーロッパスズキは同様の産卵場所，産卵生態，

表12·1　スズキ，ヨーロッパスズキおよびストライプドバスの生活史特性．
　　　　FAO Fish Base [37] をもとに関連文献 [8, 11, 16, 29, 36, 38-41] により補足した

| 属性 | スズキ | ヨーロッパスズキ | ストライプドバス |
|---|---|---|---|
| 生殖生態 | 多回産卵 | 多回産卵 | 1 回産卵 |
|  | 分離浮性卵 | 分離浮性卵 | 分離（浮性）卵 |
|  | 産卵期間：2〜3ヶ月 | 産卵期間：2〜3ヶ月 | 産卵期間：1〜2ヶ月 |
| 産卵場 | 沿岸海域 | 沿岸海域 | 淡水感潮域 |
| 卵湿重量 | 200 $\mu$g | 200 $\mu$g | 1,000 $\mu$g |
| 仔魚期水温 | 16℃ | 16.5℃ | 18℃ |
| 仔魚日成長 | 0.10 mm | 0.13 mm | 0.20 mm |
| 成熟年齢 | 2〜3 歳 | 2〜3 歳 | 5〜8 歳 |
| 寿命 | 10 年 | 15 年 | 31 年 |
| 最大抱卵数 | $2.2 \times 10^6$ | $2.5 \times 10^6$ | $8.0 \times 10^6$ |
| 最大体重 | 15 kg | 12 kg | 57 kg |

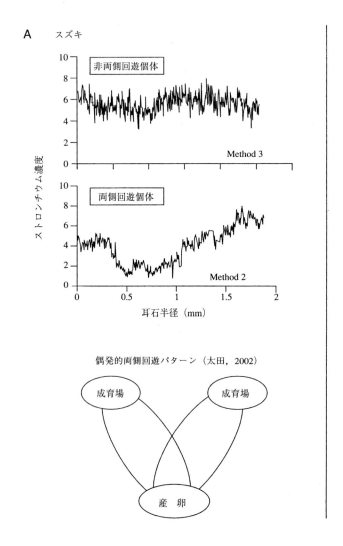

A　スズキ

偶発的両側回遊パターン（太田，2002）

卵径，産卵水温，仔魚の生息場所ならびに仔魚の成長速度を示す（表 12·1）.
2 種の雌はほぼ同年齢で成熟し，同程度の抱卵数，寿命や最大サイズをもつ.
平均的な世代更新期間は 3～5 年である．ストライプドバスは，これとは対照
的により限られた淡水域の相対的に高温な環境下で大型の卵を生む．仔魚は高
水温のため速く成長するが，春季の著しく変わりやすい気象条件と関連して初

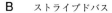

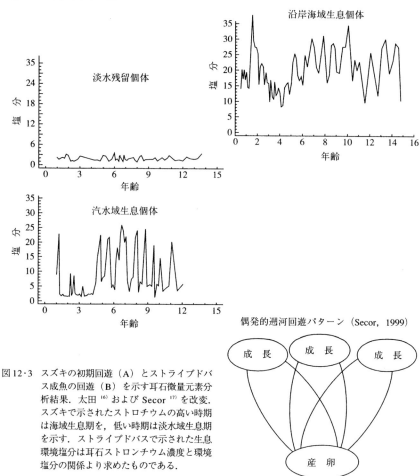

図 12·3 スズキの初期回遊（A）とストライプドバ
ス成魚の回遊（B）を示す耳石微量元素分
析結果. 太田[16] および Secor[17] を改変.
スズキで示されたストロチウムの高い時期
は海域生息期を，低い時期は淡水域生息期
を示す. ストライプドバスで示された生息
環境塩分は耳石ストロンチウム濃度と環境
塩分の関係より求めたものである.

期の死亡率は高い[10]. この著しい加入変動とも関わって，ストライプドバスは
長い再生産期間をもち，初回成熟は相対的に遅く，高い抱卵数と高寿命を示し，
最大サイズも大きい[11]. 本種の平均寿命は 10 年とされている. 水揚量のデー
タより本種は両側回遊的なスズキ類に比べ，生産性は高くないと考えられる.
このことは，本種の長寿命とも対応している.

### §3. 河口域依存性

　スズキ類に共通した生活史上の特徴は成育場として河口域を利用することにある．漁獲統計と標識放流実験によると，ヨーロッパスズキの稚魚と未成魚の河口域依存形態は多様であり，時には淡水域にも進出するとされている[12, 13]．当歳魚は河口域の外縁域から塩分フロント周辺に集中する傾向があるが，内湾の浅海域や沿岸浅所にも出現する．稚魚と未成魚は4歳まで河口域にとどまり，成魚になると岩礁性の沿岸域を主な生息地とする[13]．これとよく似た個体発生に伴う生息域の変化はスズキにもみられる．すなわち，卵と仔魚は海域に出現し，当歳魚は沿岸浅海域や河口域を成育場とする[7, 14, 15]．未成魚や成魚も河口域に出現することは知られているが，主な生息域ではないと考えられる．近年，耳石微量元素分析が河口域依存性の検証に用いられている．有明海筑後川河口域において，太田[16]は稚魚へ移行したスズキのある部分が淡水域へ進出したり，塩分フロントより上流側に分布することを示した．同時に，稚魚の残りの部分は沿岸域や河口域の高塩側に分布し，この個体群は明らかに偶発的な両側回遊的生態を示す（図12・3）．

　ストライプドバスにとって仔稚魚期における河口域依存性は不可避的である．しかし，未成魚や成魚にとっては河口域と沿岸域の利用は多様である．ハドソン川産のストライプドバスの耳石微量元素分析により，Secor[17]は河口域依存か沿岸域依存かの集団に分けることができるとしている（図12・3）．さらに，個体ごとの耳石微量元素の軌跡により未成魚や成魚が一生の大部分を淡水域，河口域および海域のどの生息場で過ごしたかが描き出されている[18]．この主生息場の分化現象は，両側回遊性や遡河回遊性の偶発的発現に端を発すると考えられる[17]．

### §4. スズキ類における回遊性の進化

　両側回遊性と遡河回遊性を発達させているスズキ類にとって共通の問題は，どちらがより祖先的な性質かという点である．一つには，より体サイズが大きく長寿命化し，より特化した回遊や生殖生態を示すストライプドバスが派生的とみることができる．腎臓組織の観察（単純化した糸球体，遠位管の欠如）はストライプドバスの祖先は海産種であることを示唆している[19]．もし，海域産

卵がスズキ類では祖先的と仮定するなら，必然的に以下の 2 点が疑問点として浮かび上がる．（1）淡水域での産卵はどのようにして進化したのか？（2）遡河回遊性は何故に北米沿岸でのみ発達したのか？

　発育の進んだ仔魚や当歳稚魚については，3 種ともに河口域上流部を成育場として利用することが知られている．塩分フロントやそれに付随した濁度極大域周辺は彼らにとって不可欠の成育場と考えられている [20, 21]．このような水域はしばしば豊富な動物性プランクトンの供給場所や捕食者からの隠れ家として機能する．多くの重要な沿岸産卵種の仔稚魚は選択的潮汐輸送や方向性をもった遊泳により河口域環境へ到達する可能性が推定されている [22, 23]．しかし，河口域へ辿り着く詳しい機構は十分には解明されていない．沿岸産卵種とは対照的に，遡河回遊は仔稚魚の河口域への出現を保証する．それなら，なぜ全てのスズキ類が遡河回遊的生活史をとらないのであろうか．

　温帯域の河口域は，隣接した沿岸海域の海況や生物相と人為的インパクト（埋め立て，富栄養化，外来種など）との複合的影響を受けやすく，著しく変動性の高い生態系と特色づけられる．地質学的な時間スケールにおいては，河口域は気候変動，海水準変動，氷河作用，浸食および火山活動などに影響される．一方，沿岸浅海域は，生物生産性は低いとはいえ，千年単位の時間スケールでは河口域より環境の安定性は高いと考えられる．偶発的な両側回遊的生態は，おそらくこのような生産性は低いが安定性の高い沿岸浅海域と不安定ではあるが生産性の高い河口域の両方の利点を巧みに利用する戦略として役立っていると考えられる．

　ヨーロッパと日本の温帯域の河口域は北米の河口域に比べてかなり規模が小さい．ヨーロッパと日本における最大の河口域は Gironde 河口域（ビスケー湾）と筑後河口域（有明海）であり，いずれもスズキ類の重要な成育場となっている．Gironde 河口域（635 km$^2$）[24] は Cerennes and Pyrenees 山脈に囲まれ，筑後河口域（有明海面積 1,700 km$^2$）もまた雲仙・阿蘇などの火山脈に囲まれている．したがって，地質学的時間スケールでみれば，これらの河口域は不安定でかつ高い生物生産性をもった海域といえる．北米大陸の東半分は著しく浸食が進んだ山脈と広大な平原が広がった沿岸地帯で特徴づけられ，このような特徴は中〜南部大西洋岸で特に顕著である．これら 3 つの河口域の中で最大規

模のチェサピーク湾（11,000 km²）[25] はストライプドバスの大きな個体群を支えている.

　もし，北米の河口域の特徴をその空間スケールの大きさや環境の高い安定性にあるとの考えが妥当であるとするなら，そのような環境下でストライプドバスの先祖は淡水環境での産卵を進化させ得たのではないだろうか. サケ科魚類やその他の硬骨魚類にとって，遡河回遊は淡水域で産卵する種の稚魚あるいは成魚が海洋環境を求めることから進化したと考えられている [26, 27]. もし温帯域の海の生物生産性がもっと高ければ，回遊によってこうむる被食コストは高い成長率によって補償されることになるであろう. また，Gross [26] は，海域での産卵はつきつめれば淡水環境と海水環境間での生物生産性の差異によって淡水での産卵から進化することを提唱している（図 12・4）. これとは対照的に，筆者らは，温帯域を主生息場とするスズキ類では，相対的に安定性の高い北米河口域においては産卵場として淡水感潮域をまず選び定着させることが可能であったとの考えを提唱したい. このことが遡河回遊的生活史（図12・4）の選択

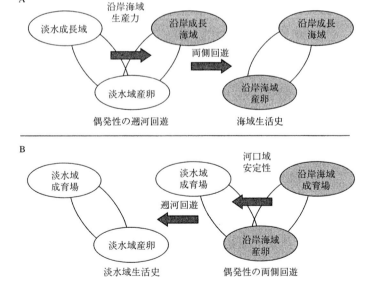

図12・4　Gross [26] によって提示された遡河回遊の進化概念（A）と本書で提示した概念図（B）.

を可能にしたのであろう．河口域の地史的時間スケールでの安定性の大小によって，遡河回遊の進化は再生産寿命の延長，多産性と卵サイズの増大などの生活史特性の変化をもたらしたと考えられる（表 12・1）．遡河回遊はさらに北米産の 3 種の Moronidae 科魚類の多様な淡水生活史を導いたのであろう．これら 3 種のうち M. americana はその全生活史を河口域で送り，他の 2 種 M. chrysops と M. mississippiensis はもっぱら淡水域に依存する生活史を発達させている．一方では，これらと同じ仲間のスズキとヨーロッパスズキは海域を主生息域とする生活史を維持している．

　海域産卵種から遡河回遊が進化したことを側面から指示する状況証拠は，有明海湾奥部に位置する筑後川河口域におけるスズキの初期生態に関する一連の研究 [15, 16, 28−33] より得られている．この有明海個体群は，発育の進んだ仔魚や稚魚期の初期に淡水感潮域を効果的に利用し得るような初期分散行動や生理を発達させていると考えられる．もし，この河口域生態系が地質学的時間スケールにおいて安定性を保っていたとしたら，偶発的な低塩分域での産卵行動は仔魚が淡水感潮域に出現する可能性を高めていたであろう．スズキ類における遡河回遊の進化が海域と河口域の生息場としての相対的な価値によるとの仮説を説明するためには，スズキとヨーロッパスズキについてできるだけ大規模な河口域において仔稚魚の生態的知見を集積することが求められる．

## §5. 有明海スズキからタイリクスズキへ

　最近の有明海スズキ個体群の分子遺伝学的知見は，本書でも紹介されているように [34, 35]，当個体群は日本産のスズキと中国大陸産のタイリクスズキの間で過去に（おそらくは最終氷期に）生じた交雑集団に由来することを明らかにしている．中山 [35] によれば，筑後川の淡水域に溯上した稚魚集団は河川を溯上しない（あるいは河口域／海域残留）稚魚集団に比べてはるかにタイリクスズキの遺伝的影響を強く受けている可能性が核遺伝子の分析より示されている．今後，複数年にわたってこのことの検証を行う必要があるが，この現象は両側回遊性の進化を考える上で，大変興味深い現象である．タイリクスズキの生活史に関する知見 [36] は極めて断片的ではあるが，予備的な仔稚魚の低塩分耐性の発達に関する実験結果は本種の仔稚魚がより高い低塩分適応性を獲得している可

能性を示唆している．中国大陸沿岸には世界を代表する大河川である黄河や揚子江が流入し，黄海ならびに東シナ海はマクロスケールでみれば大規模な河口域とみなすことができる．この海域を主な生息場とするタイリクスズキはスズキよりはるかに強い淡水域とのつながりをもった生活史を進化させている可能性が推定される．この点では，交雑集団としての有明海個体群の生活史をさらに詳細に解明するとともにその片方の親種であるタイリクスズキの生活史を明らかにすることは，スズキ類における遡河回遊の進化を解明する上で，重要な切り口になると位置づけられる．

北西太平洋海域には，スズキとタイリクスズキの他にヒラスズキ *Lateolabrax latus* が日本の南西沿岸域に生息する．本種の生態的・生理的知見も断片的ではあるが，これら 3 種の中では最も高塩分側に適応した種と考えられている．このように，東シナ海には淡水域との関わりの程度が異なる 3 種のスズキ属魚類が生息しており，本章で展開した"海域生活史から両側回遊生活史への進化"という仮説を検証する好適なモデルと考えられる．東シナ海におけるこれら 3 種を対象に，分子系統とその分岐年代，生態情報による生活史パターンならびに生理情報による低塩分適応能力を解明することにより，新たな研究の展開が展望される．

## 文　献

1 ) G. D. Johnson: Percoidei : Development and Relationships, *In* Moser, G. H. [Ed.] Ontogeny and Systematics of Fishes. Spec. Publ. No.1. Am. Soc. Ichthyol. Herpet., Allen Press, 1984, pp.464-498.

2 ) W. A. Gosline : *Proc. Calif. Acad. Sci.*, 33, 91-111 (1966).

3 ) J. R. Waldman : Systematics of *Morone* (Pisces: Moronidae) , with notes on the lower percoids. City University of New York, New York, 1986, pp.1-150.

4 ) H. H. McCully : *Am. Zool.*, 2, 247 (1962).

5 ) K. Tsukamoto and J. Aoyama : *Environ. Biol. Fishes*, 52, 139-148 (1998).

6 ) D. Nolf and G. L. Stringer : Systematics and Paleoecology, 433-459 (1996).

7 ) 田中　克・松宮義晴：栽培技研，11，49-65 (1982).

8 ) 落合　明・田中　克：スズキ，魚類学（下），恒星社厚生閣，1986，pp.675-681.

9 ) S. Jennings and M. G. Pawson : *J. Mar. Biol. Ass. U.K.*, 72, 199-212 (1992).

10) D. H. Secor and E. D. Houde : *Estuaries*, 18, 527-544 (1995).

11) D. H. Secor : *ICES J. Mar. Sci.*, 56, 403-411 (2000).

12) M. G. Pawson, D. F. Kelley, and G. D. Pickett : *J. Mar. Biol. Ass. U.K.*, 67, 183-217 (1987).

13) M. G. Pawson and G. D. Pickett : Sea Bass:

Biology, Exploitation and Conservation. Chapman & Hall, London, 1994, pp.1-337.

14) 大美博昭：若狭湾由良川河口域における仔稚魚の生態. スズキと生物多様性－水産資源学の新展開（田中　克・木下　泉編），恒星社厚生閣，2002，pp.44-53.

15) 日比野学：有明海産スズキの初期生活史にみられる多様性. スズキと生物多様性－水産資源学の新展開（田中　克・木下　泉編），恒星社厚生閣，2002，pp.65-78.

16) 太田太郎：耳石による回遊履歴追跡. スズキと生物多様性－水産資源学の新展開（田中　克・木下　泉編），恒星社厚生閣，2002，pp.91-102.

17) D. H. Secor : *Fish. Res.*, 43, 13-34 (1999).

18) D. H. Secor, J. R. Rooker, E. Zlokoviz, and V. S. Zdanowicz : *Mar. Ecol. Progr. Ser.*, 211, 245-253 (2001).

19) I. Beitch : *Science*, 4, 75-83 (1963).

20) W. L. Dovel : Fish eggs and larvae of the upper Chesapeake Bay. National Research Institute, Univ. MD, Solomons, MD, 1971, pp.1-71.

21) J. J. Dodson, J.-C. Dauvin, R.G. Ingram, and B. D'Anglejan : *Estuaries*, 12, 66-81 (1989).

22) M. Tanaka : *Trans. Am. Fish. Soc.*, 114, 471-477 (1985).

23) M.Tanaka, T. Goto, M. Tomiyama, H. Sudo, and M. Azuma : *Rapp. P.-v. Reun. Cons. Int. Explor. Mer*, 191, 303-310 (1989).

24) E. Rochard, M. Lepage, P. Dumont, S. Tremblay, and C. Gazeau : *Estuaries*, 24, 108-115 (2001).

25) E. O. Murdy, R. S. Burdsong, and J. A. Musick: Fishes of the Chesapeake Bay. Smithsonian Institution, Wash. DC, 1997, pp.1-324.

26) M. R. Gross : *Am. Fish. Soc. Symp.* 1, 14-25 (1987).

27) M. R. Gross, R. M. Coleman, and R. M.

McDowall : *Science*, 239, 1291-1293 (1988).

28) Y. Matsumiya, T. Mitani, and M. Tanaka: *Nippon Suisan Gakkaishi*, 48, 129-138 (1982).

29) Y. Matsumiya, H. Masumoto, and M. Tanaka : *Nippon Suisan Gakkaishi*, 51, 1955-1961 (1985).

30) D. H. Secor, T. Ohta, K. Nakayama, and M. Tanaka : *Fisheries Sci.*, 64, 740-743 (1998).

31) M. Hibino, H. Ueda, and M. Tanaka : *Nippon Suisan Gakkaishi*, 65, 1062-1068 (1999).

32) N. Hirai, M. Tagawa, T. Kaneko, T. Seikai, and M. Tanaka : *Zool. Sci.*, 16, 43-49 (1999).

33) R. Perez, M. Tagawa, T. Seikai, N. Hirai, Y. Takahashi, and M. Tanaka : *Fisheries Sci.*, 65, 91-97 (1999).

34) 横川浩司：東アジアのスズキ属. スズキと生物多様性－水産資源生物学の新展開（田中　克・木下　泉編），恒星社厚生閣，2002，pp.114-126.

35) 中山耕至：有明海個体群の内部構造. スズキと生物多様性－水産資源生物学の新展開（田中　克・木下　泉編），恒星社厚生閣，2002，pp.127-139.

36) G. Sun, Y. Zhu, J. Chen, and Z. Zou : *J. Fish. China/Shuichan Xuebao*, 18, 183-190 (1994).

37) R. Froese and D. Pauly (Eds) : FishBase 2000 : concepts, design and data sources. ICLARM, Los Baños, Laguna, Philippines, 2000, pp.1-344. [http://www.fishbase.org/search.cfm]

38) E. Wassef and H. El Emary : *Cybium*, 13, 327-345 (1989).

39) I. Mayer, S. E. Shackley, and P. R. Witthames : *J. Fish Biol.*, 36, 141-148 (1990).

40) P. R. Dando and N. Demir (1995) : *J.*

*Mar. Biol. Ass. U.K.*, **65**, 159-168 (1995).

41) P. A. Henderson and M. Corps : *J. Fish*

*Biol.*, **50**, 280-295 (1997).

あ と が き

田 中　克・木 下　泉

　わが国の沿岸漁業は近年大変厳しい現実に直面している．多くの重要魚種の漁
獲量は総じて低迷あるいは減少傾向にある．それぞれの資源の再生産の特殊性を
無視した漁獲（乱獲），再生産の場となる沿岸浅海成育場の喪失や環境悪化，漁
船漁業と遊漁の競合，外国産魚介類の輸入量の急増，漁業従事者の高齢化と減少
など，その原因は自然科学的要因から社会経済的要因まで枚挙にいとまがない．
一方，これらの困難な状況を打開するために，それぞれの対象種の生活史や生態
的特性を考慮した資源管理方策の導入，単一種の資源管理から生態系の管理への
発想の転換，種苗放流を柱とした栽培漁業の展開による資源の回復策，養殖によ
る生産の増大，さらには漁場環境修復による再生産基盤の改善など様々な取り組
みが行われているが，抜本的改善には至っていない．

　これらの諸問題の一つの背景として，伝統的な水産国であり，関連の研究が幅
広く行われているわが国においても，各々の対象種の生物学的基礎知見が著しく
不足していることを指摘できる．本書で取り上げたスズキについても，わが国沿
岸域を代表する重要魚種であるにもかかわらず，その生物学的基礎知見は意外に
少ない．そのことは，つい最近まで中国や韓国西岸に生息しているスズキと日本
周辺に生息するスズキは同一種と考えられてきたことにも端的に表れている．ス
ズキが属する *Lateolabrax* 属やその上位分類群の Percichthyidae 科の帰属や実
態が不明なままに置かれている状態にある*.

　本書では，まず最初に資源の利用実態や増養殖の現状を概観した．漁獲状況を

---

　* スズキ属 *Lateolabrax* やそれが属する科については，第 12 章でも部分的に触れられているが，
未だ統一した見解が得られていない現状にある．Nelson（1984）は *Lateolabrax* は Moronidae 科魚
類に類似性をもつと指摘するにとどめ，Eschmeyer（1990）はその帰属を不明としている．一方，
中坊（2000）は Moronidae にスズキ科という和名を与え，*Lateolabrax* をこの中に含めている．こ
れまで *Lateorabrax* が属していた Percichthyidae 科はその実態が極めてあいまいな "寄せ集め" 的
存在であることが多くの研究者に指摘されている．現在，東京大学海洋研究所西田　睦教授の研
究グループが進めているスズキ目魚類の分子系統解析が進む中で，この問題の整理が行われるの
ではないかと期待される．

通じて本種が淡水域にも深く進入する生態やそれらをうまく生かした栽培漁業の展開の可能性が示された．初期生態が河川の規模や河口周辺の環境条件によって多様性に富むことならびにそれらを可能にする幅広い生理的環境適応能力の一端が報告された．最後に，生物多様性の創出や維持機構の解明にも大変興味深い現象として，特異な遺伝的背景をもった地域個体群の存在が紹介された．これらの話題の根底にある生物学的共通性は河口域依存性であり，生活史進化のモデルとしても今後の研究の広がりが期待される．

　河口域は，本来陸域からの栄養塩等が海水と陸水の混合下で様々な物理化学的過程を経て豊かな低次生産をもたらし，多くの沿岸性海産魚や淡水魚，とりわけその若齢期の生き物を支えるかけがえのない生息場である．陸域からの砂泥の補給は，潮汐の影響下で複雑かつ精巧な干潟を形成し，干潟は河口汽水生態系の不可欠の構成要素として機能している．このような生態系は，河口域に流入する河川とその後背地に広がる都市空間や農耕地などの人の生活と生産活動によって著しく影響を受けやすい存在である．さらに，河川の上流に広がる集水域とそこに豊かな水を供給する森林生態系の存在も不可分に関連する．河口域の生態系は，このように海の陸域との縁辺部であるという位置づけのみでなく，陸域の海側の縁辺部でもあるとの位置づけが必要であり，陸域−海域連環の上にとらえることなしには，生き物の有り様と現実に進行しつつある環境の劣化を本来の姿に回復することはできないのではないであろうか．淡水域まで餌を求めて遡上するスズキは海域−陸域のつながりの重要性を教えてくれる存在でもある．有明海の“自然遺産”ともいえるスズキの存在に思いを馳せる時，広大な干潟の喪失とともに陸域−海域の連環の最も大規模で乱暴な遮断ともいえる諫早湾奥の締め切りの重大性に大きな懸念を抱かざるを得ない．

　本書では，スズキという一魚種を取り上げ，その生物学的多様性の一端を紹介することを直接の目的とした．そのような多様性の理解は，今後ますます高まるであろう水産資源生物の多面的な利用形態のあるべき姿を考える上でも，不可欠の視点と思われる．それは水産資源生物学の新たな発展にも不可欠と考えられる．さらに，今後はより多様な利用形態やそれに基づいた資源管理のあり方を考える上で，種としての生物学的知見の集積にとどまらず，生態系の一員としての視点が必要であろう．また，生態学的知見に生理学的，分子遺伝学的ならびに環境科

学的知見等を統合し，生き物を環境との関わりの中で総合的にとらえることが不可欠と考えられる．このようなより専門的であると同時により統合的な研究の展開へ，本書がいくらかでも貢献できれば幸いである．

　最後に，編者の責任で編集作業が大幅に遅れ，日本水産学会出版委員会の皆様ならびに（株）恒星社厚生閣の皆様に大変御迷惑をおかけしましたことをお詫び申し上げます．

**出版委員**

青木一郎　赤嶺達郎　金子豊二　兼廣春之

左子芳彦　関　伸夫　中添純一　村上昌弘

門谷　茂　渡邊精一

水産学シリーズ〔131〕　　　　定価はカバーに表示

スズキと生物多様性－水産資源生物学の新展開
Temperate Bass and Biodiversity
－New perspective for fisheries biology

平成 14 年 4 月 5 日発行

編　者　田中　克

　　　　木下　泉

監　修　社団法人 日本水産学会

〒108-8477　東京都港区港南　4-5-7
東京水産大学内

発行所　〒160-0008
東京都新宿区三栄町8
Tel 03 (3359) 7371
Fax 03 (3359) 7375
株式会社 恒星社厚生閣

日本水産学会, 2002.　(株)シナノ・風林社塚越製本

水産学シリーズ〔131〕
スズキと生物多様性 — 水産資源生物学の新展開
(オンデマンド版)

2016年10月20日 発行

編　者　　　田中 克・木下 泉
監　修　　　公益社団法人日本水産学会
　　　　　　〒108-8477　東京都港区港南4-5-7
　　　　　　東京海洋大学内

発行所　　　株式会社 恒星社厚生閣
　　　　　　〒160-0008　東京都新宿区三栄町8
　　　　　　TEL 03(3359)7371(代)　FAX 03(3359)7375

印刷・製本　株式会社 デジタルパブリッシングサービス
　　　　　　URL http://www.d-pub.co.jp/